처음 만나는 방사선

방사선맘 시리즈 1 – 미지의 세계 탐험

처음 만나는 방사선
방사선맘 시리즈 1 - 미지의 세계 탐험

초판 1쇄 발행 2022년 4월 30일

지은이 서효정, 이레나
디자인 및 그림 서효정, 전은정, 박진수
펴낸이 장길수
펴낸곳 지식과감성#
출판등록 제2012-000081호

교정 오현석
디자인 이은지
편집 이은지
검수 김우연, 이현
마케팅 고은빛, 정연우

주소 서울시 금천구 벚꽃로298 대륭포스트타워6차 1212호
전화 070-4651-3730~4
팩스 070-4325-7006
이메일 ksbookup@naver.com
홈페이지 www.knsbookup.com

ISBN 979-11-392-0471-1(03400)
값 15,000원

- 이 책의 판권은 지은이에게 있습니다.
- 이 책 내용의 전부 또는 일부를 재사용하려면 반드시 지은이의 서면 동의를 받아야 합니다.
- 잘못된 책은 구입하신 곳에서 바꾸어 드립니다.

지식과감성#
홈페이지 바로가기

시작

진리란
항상 우리 곁에 있지만
보고자 하는 사람에게만
관찰되는 존재.

목차

시작 • 5

Chapter 1　무섭거나, 싫거나, 흥미롭거나 한 존재 ·········· 11

Chapter 2　방사선, 방사성, 방사능 ························· 29

Chapter 3　자연방사선과 인공방사선 ······················ 63

Chapter 4　보이지 않는 방사선을 보이도록 ················ 91

Chapter 5　방사선 사고가 만든 방사선 공포 ············· 149

Chapter 6　객관적으로 바라본 방사선 ···················· 209

끝맺음 • 234

Chapter 1

무섭거나, 싫거나, 흥미롭거나 한 존재

만화의 시대상

"혹시, 만화 좋아하세요?"

"네, 저는 만화를 참 좋아합니다."

아마도 많은 사람이 만화를 좋아할 거라 생각합니다. 사실 만화란 인류의 삶을 가장 현실적으로 반영하는 창작물 중의 하나입니다. 유명 만화영화사로 잘 알려진 마블은 그런 사회적 관심을 담아 오랫동안 다양한 액션히어로를 만들었습니다. 「헐크」, 「엑스맨」, 「판타스틱 포」 등과 같은 유명한 캐릭터들은 우발적인 사건들에 의해 대단한 초능력자로 탄생되었습니다. 그렇지만 이러한 만화들은 모두 방사선을 공포스러운 미지의 물질로 본 견해라고 생각합니다.

액션 히어로는 어떻게 탄생했나?

헐크는 우주 가공할 만한 힘의 상징인 캐릭터입니다. 로버트 부르스 배너 박사는 자신이 만든 **감마 폭탄**의 폭발에 휘말린 후에 헐크가 되었습니다. 헐크는 신에 버금갈 만큼의 특별한 힘을 갖게 되지만 안타깝게도 그 힘을 조절할 수는 없습니다. 이것은 마치 제2차 세계대전 당시 원자 폭탄을 만든 배후의 사람들의 처지와 매우 비슷합니다.

그림 1. 감마 폭탄에서 살아남은 슈퍼히어로 헐크

우주 방사선과 액션 히어로

「판타스틱 포」는 **우주방사선**에 의해 변형이 온 후 초능력을 갖게 된 사람들의 이야기입니다. 우주방사선의 존재는 1912년, 오스트리아의 과학자 빅터 프란시스 헤스가 수행한 기구 실험을 통해 세상에 처음 알려지게 되었습니다. 헤스는 풍선 기구의 고도가 증가할수록 해당 기구에 장착된 방사선 검출기의 수치가 증가하는 것을 발견하였고 이 기원이 우주에서 존재한다는 것을 생각해 '우주방사선'이라 명명하였습니다.

방사성 거미 스파이더맨

1961년 스탠리는 스티브 딕코와 함께 「어메이징 스파이더맨」을 만들어 냅니다. 스파이더맨은 한 고등학생이 **방사성 거미**에 물려 거미인간이 된 이야기입니다. 그 외에도 방사성물질에 빠지거나 노출된 다양한 캐릭터들이 우후죽순으로 나옵니다.

그림 2. 방사성 거미에 물린 스파이더맨

핵융합 반응과 토니 스타크

또 한 명의 유명한 액션히어로인 토니 스타크가 있습니다. 토니의 가슴에 박혀 있는 아크리액터는 에너지(전력)를 공급하는 소형 발전장치이자 초소형 원자로입니다. 토니가 만든 아크리액터는 **핵융합 반응**을 이용하는 장치입니다. 핵분열이 연쇄적으로 일어나는 과정에서 큰 에너지가 방출되는데, 이 에너지를 이용하는 것이 원자력 발전입니다. 반면 핵융합은 핵분열에서 발생하는 방사성 폐기물이 발생하지 않습니다. 물론 일반 물리학을 조금 들여다보면 토니 스타크의 에너지는 다분히 '만화'스럽다는 것을 쉽게 알 수 있습니다.

원자력 발전은 핵분열(쪼개지는 현상)이 연쇄적으로 일어나는 과정에서 큰 에너지가 방출되는 데 이 에너지를 이용하는 것입니다. 반면 핵융합 발전은 핵융합(합쳐지는 현상)이 과정에서 방출되는 에너지를 이용하는 것입니다. 현재 핵융합 발전인 인공 태양 개발에 대한 연구가 많이 진행되고 있으므로 아이앤맨의 상상 속 아크리액터가 현실로 올 수도 있을 겁니다.

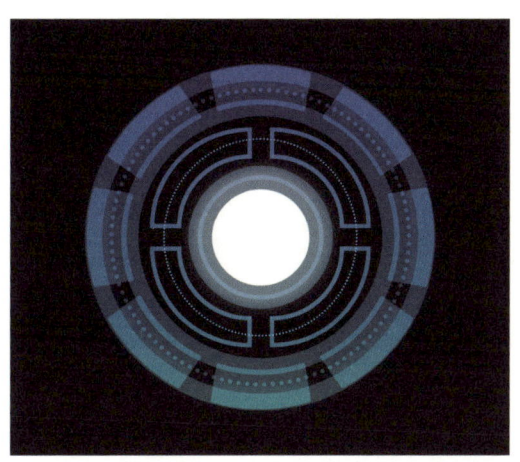

그림 3. 거대한 핵융합장치를 소형화한 상상의 산물 아크리액터

사회적 관심과 방사선

제2차 세계대전 직후 사람들은 원자 폭탄의 거대한 에너지에 심취했었습니다. 핵분열의 거대한 파괴력은 신의 능력과 같았으며, 그에 의해 파생한 감마선의 돌연변이는 흥미로웠습니다. 방사선은 눈에 보이지 않는 대단한 힘이라서 사람들의 마음에 액션히어로를 만들어 내나 봅니다. 우주방사선, 방사성 거미, 무한에너지인 핵융합까지요. 분명 원자 폭탄은 무서운 존재이며, 방사선이나 방사능 또한 다루기 힘든 물질이고, 핵융합 기술의 소형화는 불가능해 보이는 도전임에는 틀림없습니다. 그렇지만, 이 이야기들의 이면에는 사람들이 힘을 가지고 싶은 거대한 욕망을 읽을 수 있습니다.

방사선은 몹시 흥미로운 주제입니다.

미지의 현상을 마주했을 때 인류의 반응

 미지의 자연현상은 인류에게 경외의 대상이 되거나, 수많은 미신으로 남았습니다. 규명되지 않은 근거 없는 믿음은 오해의 싹을 틔웁니다. 100여 년 전 방사선이 처음으로 존재를 드러낼 무렵, 그 이름은 미지의 물질 X로 시작합니다.

 우리는 일상 속에서 방사선과 함께 살고 있습니다. 하지만 사람들은 여전히 방사선을 오해하며 진리를 보려 하지 않습니다. 방사선은 인류 이전 태초부터 존재하였고 우리가 그 존재를 인지한 것이 최근일 뿐입니다.

 아직 인류는 우주에 존재하는 다양한 방사선의 존재를 모두 알지 못합니다. 하지만, 우리가 이미 만난 알파선, 베타선, 감마선, 엑스선, 중성자, 중이온, 뮤온 등은 일상의 이름으로 불러 주어야 하지 않을까요? 이제 현실의 존재를 만날 시간입니다.

그림 4. 미지의 세상으로 가기 위해서는 존재하지 않는 길을 만들어야 합니다.

검색어를 통해 본 시각

"우리는 어떤 사실을 볼 때 믿고 싶은 것만 보려 합니다."

몇 년 전 구글에 방사선과 관련된 단어를 입력해 보았습니다.

검색어를 'radiation problem(방사선 문제)'으로 넣어 대충 검색해 보았습니다. 약 1억 2500만 개의 결과가 나옵니다. 비슷한 검색어 'radiation risk(방사선 위험)', 'radiation cancer(방사선 암)'도 각각 1억 1600만 개와 1억 2200만 개의 결과가 나왔습니다.

이번에는 긍정적인 단어인 'radiation protection(방사선 방호)'을 검색했더니 약 1150만 개의 결과가 나왔습니다. 더불어 'radiation therapy(방사선 치료)'는 1690만 개, 그리고 'radiation utilization(방사선 이용)'은 7270만 개의 검색 결과가 나왔습니다.

방사선은 이미 많은 분야에서 인류에 도움을 주고 있습니다.

그림 5. 인터넷 검색. 검색 단어란 사람들 생각의 표현입니다.

방사선은 중립적이나 마음은 중립적이지 않습니다

방사선과 관련된 부정적 단어 비율은 긍정적인 단어 비율보다 작게는 두 배에서 크게는 열 배나 높았습니다. 이런 수치만으로 어떤 답을 내기는 어렵지만, 우리가 일상에서 방사선을 떠올릴 때 걱정과 두려움이 앞선다는 것은 분명한 것 같습니다.

노벨 물리학상과 화학상을 받은 폴란드 출신 과학자 마리 퀴리(1867~1934)는 이렇게 말했습니다.

"방사선은 두려움이 아닌 이해의 대상일 뿐이다."

당신은 이해하기도 전에 두려움에 아무것도 보려 하지 않는 것은 아닌지요?

Chapter 2

방사선, 방사성, 방사능

방사선, 방사성물질 그리고 방사능

전구는 빛을 냅니다.

"전구는 저절로 빛을 내나요?"

"아니요, 전깃줄을 꽂아야 빛을 낼 수 있습니다."

"이 세상에서 저절로 에너지를 내는 물질은 무엇인가요?"

"방사성물질은 저절로 에너지를 내는 물질 중 하나입니다."

전구가 스스로 빛을 낼 수 있다면 전구는 방사성물질이고, 나오는 빛은 방사선입니다. 방사성물질은 전깃줄을 꽂을 필요가 없습니다. 스스로 에너지를 방출합니다. 하지만, 이 세상에 영원한 것은 극히 드뭅니다. 방사성물질도 현재에 불안정하다고 하여 영원히 불안정하지는 않습니다. 일정 시간이 지나면 안정화되어 방사능의 능력은 소멸됩니다. 능력이 반씩 줄어드는 시간의 개념으로 반감기라는 용어가 있습니다.

그림 6. 빛. 전구는 스스로 빛을 낼 수 없지만 방사성물질은 스스로 에너지를 냅니다.

용어의 정의

　방사성물질이 불안정한 상태의 에너지 수준에서 안정화되는 과정을 다른 말로 방사성 붕괴라고도 할 수 있습니다.

　방사능이란 에너지를 방출하는 능력 정도를 말합니다.

　방사성물질이란 방사능을 가진 물질을 말합니다.

　방사선이란 에너지로 방출되는 입자나 전자기파를 말합니다.

그림 7. 방사능을 태양에 비유하자면, 태양은 빛을 스스로 만들어 내므로
방사성물질이며 에너지가 높은 방사능을 가지며
태양 빛은 방사선으로 비교할 수 있습니다.

전자파란

전자파라는 이름의 '파'는 파장을 의미하며 그 파장에 따라 매우 다양합니다. 우리는 파장의 길이에 따른 이름을 만들 수 있고, 스펙트럼이라고 표현합니다. 대표적으로 빛을 파장으로 표현한다면 태양에서 오는 파장은 가시광선이라고 합니다. 사람은 가시광선의 영역만 볼 수 있습니다. 빨주노초파남보 빛을 모두 합치면 밝고 하얗게 됩니다.

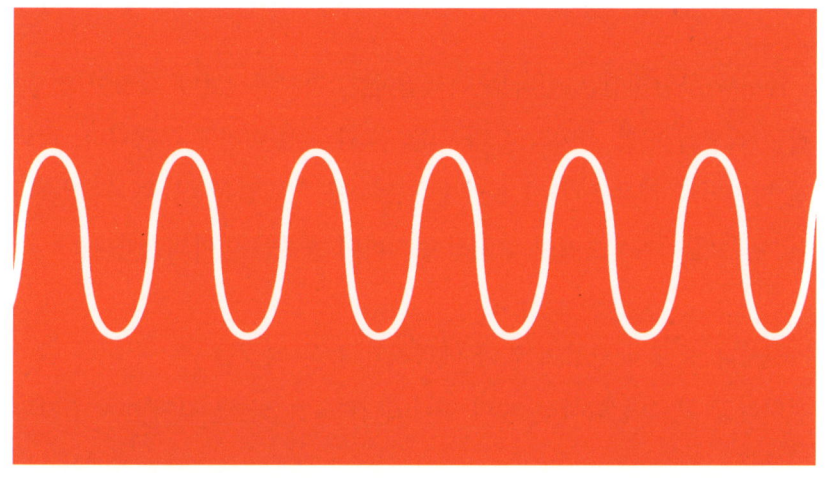

그림 8. 파장은 선형으로 골과 마루가 있으며 운동성을 가지고 진행 방향이 있습니다.

가시광선

가시광선의 보라색은 한자로 자색입니다. 가시광선보다 파장이 짧은 파장은 자색의 바깥 선이라고 해서 '자', '외', '선'이라고 이름을 붙입니다. 사람은 가시광선만 볼 수 있지만 벌이나 앵무새는 자외선으로 세상을 볼 수 있습니다.

가시광선의 빨강은 한자로 적색입니다. 가시광선보다 파장이 긴 파장은 적색의 바깥 선이라고 하여 '적', '외', '선'이라고 부릅니다. 적외선 탐지기로 체온을 가진 사람이나 동물을 확인하는 데 쓸 수 있습니다. 뱀은 골레이세포에서 적외선 감지하여 동물을 잡아먹습니다.

전자파 중에서 파장이 짧아 에너지가 높은 파장을 엑스선이나 감마선이라고 부르며 방사선 중의 하나입니다. 엑스선과 감마선은 전자파이군요.

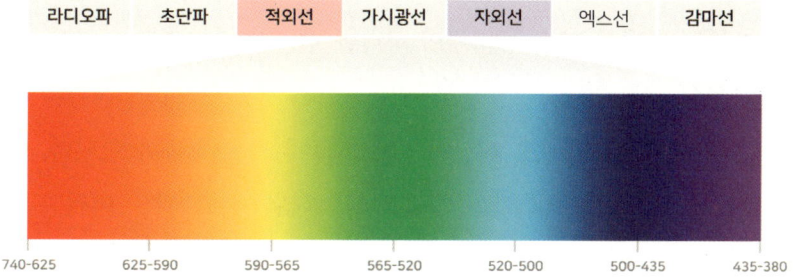

가시광선의 영역
380~740 나노미터 (nm)

그림 9. 파장에 따른 분류. 파장이 긴 영역대부터 짧은 영역대까지
라디오파, 초단파, 적외선, 가시광선, 자외선, 엑스선, 감마선으로 구분합니다.

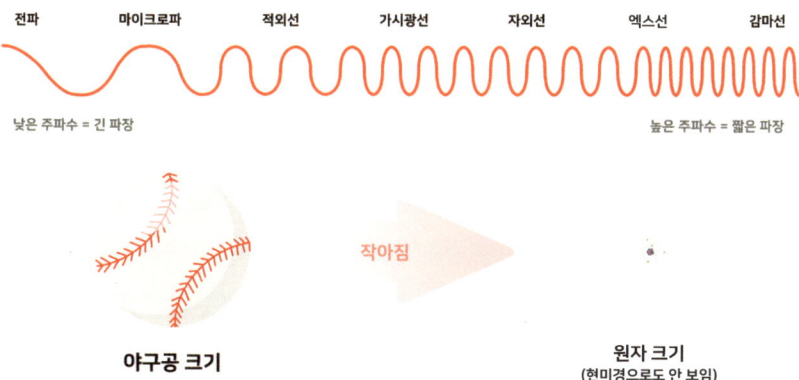

그림 10. 파장이 길수록 크기가 크고, 파장이 짧을수록 크기가 작다고 생각하시면 됩니다

입자와 원자

전자파는 질량이 없이 에너지의 파형만 있는 것으로 인식됩니다. 이러한 인식은 에너지는 측정할 수 있는 영역대에 있었지만, 질량은 측정이 가능한 최소 단위로 제한이 있기 때문은 아니었을까 합니다. 질량이 없이 에너지만 흐른다는 개념으로 이해되는 전자파도 어쩌면 먼 훗날 극소 질량이 있는 것이 될지는 모릅니다.

반면 입자는 현재의 시대에서 질량을 가진 최소 단위가 있습니다. 물질을 아주 아주 작게 나누면 원자라는 개념에 도달합니다. 옛날에는 원자는 더 이상 쪼개질 수 없는 단위라고 정의를 했습니다. 이제는 원자를 구성하는 단위를 더 세분화할 수 있는 시대가 되었습니다.

원자를 구성하는 단위로는 전자, 양성자, 중성자 등이 있습니다. 이러한 구성물질들은 질량을 가집니다. 따라서, 입자로 불리며 전자, 베타, 양성자, 중성자, 알파입자 등으로 분류합니다. 입자도 전자파처럼 파장을 갖습니다. 사람과 건물도 입자의 개념으로 생각할 수 있으며, 그 파장은 매우 낮습니다.

전자선, 베타선, 양성자, 중성자, 알파입자 등은 입자방사선입니다.

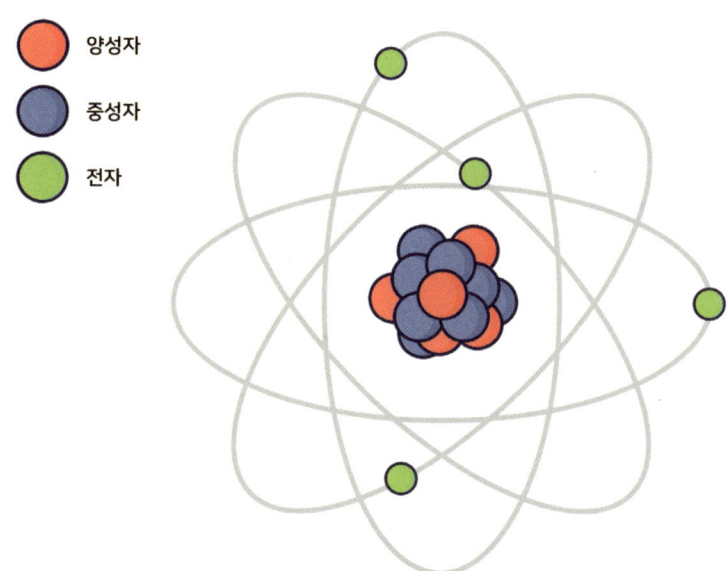

그림 11. 원자 구조. 원자는 내부에 양성자와 중성자가 핵을 이루고 있으며, 전자가 궤도를 도는 확률 형태로 분포합니다.

우리 몸도 방사선인가요?

우리 몸은 세포로 이루어져 있습니다. 세포를 구성하는 것은 원자입니다. 원자는 중심에 원자핵이 있으며 원자핵은 중성자와 양성자로 구성됩니다. 원자핵 주위로 전자가 끊임없이 돌고 있으며 확률적인 분포를 이루어 전자구름 형태를 띱니다.

만약 우리 몸의 원자를 볼 수 있는 신의 현미경으로 구석구석 살펴본다면 양성자, 중성자, 전자 덩어리인데, 그렇다면 우리 몸은 방사선일까요?

"엄마, 나 방사선이야? 꺄악!"

"뭐래…."

그림 12. 놀란 아이. 설마 우리 몸이 방사선이면 큰일 나게요.

우리 몸은 전자, 양성자, 중성자로 이루어진 것은 맞지만 다행히 우리는 방사선이 아닙니다. 우리 몸을 구성하는 전자, 양성자, 중성자는 체성분을 구성하는 각각의 원자 속에 꽁꽁 붙들려 있기 때문에 방사선을 낼 수가 없거든요. 방사선이란 에너지를 가진 잔자파나 입자가 마음대로 움직여 다닐때만 우리가 방사선이라고 부픕니다. 움직이지 않으면 위험하지 않겠죠?

안정한 물질은 방사성이 아닙니다. 방사성물질이 아니면 방사선을 내지 않습니다.

원자와 화학적 성질

　원자를 구성하는 성분은 원자핵과 전자입니다. 원자핵은 양성자와 중성자로 이루어져 있지만, 원자의 화학적 성질은 양성자만 관여합니다. 즉, 중성자의 개수가 달라도 양성자의 개수가 같다면, 질량은 다르지만 같은 원자라는 것입니다. 좀 쉽게 비유하자면 많이 먹어서 살찐 자신이나 적게 먹어 살이 빠진 자신이나 '나'라는 존재는 같다고 할 수 있습니다.

원자번호

화학 원소의 주기율표에는 원자번호라는 것이 있고, 양성자의 수 또는 원자핵의 전하수와 같습니다. 전하를 띠지 않는 원자의 원자번호는 전자 수와 같지만 이온화된 상태에서는 전자 수는 달라질 수 있습니다. 따라서, 통상 원자번호 하면, 양성자 수를 떠올립니다.

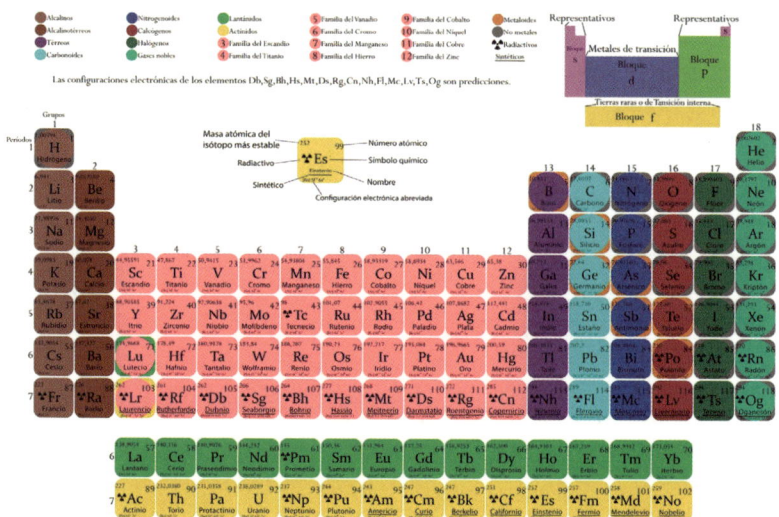

그림 13. 주기율표. 주기율표는 원자핵 속에 들어 있는 양성자 수인 원자번호와 전자 배열 및 화학적 특성에 따라 배열한 표입니다.
표의 가로줄을 주기, 세로줄을 족이라고 부릅니다.
안정한 핵종에 비해 방사능 핵종의 수가 더 많습니다.

동위원소와 방사성

그렇다면 같은 양성자 수를 가지지만 중성자의 숫자가 달라지면 어떻게 될까요?

예를 들어 수소는 양성자 1개를 가지는 질량 1인 수소가 있습니다. 전자는 왜 질량에 포함하지 않나요? 양성자를 1이라는 질량으로 가정할 때, 전자는 0.0005쯤이라서 질량가를 정할 때 쥐방울만큼밖에 영향을 주지 않습니다. 1.0005나 1.001쯤 된다 해도 그냥 1로 보니까요.

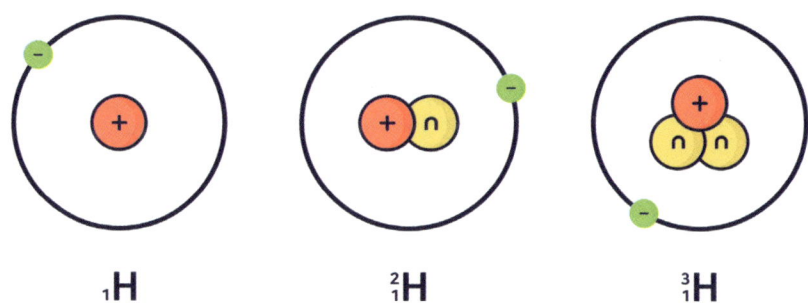

그림 14. 수소의 동위원소. 수소는 양성자 1개를 가지며, 중성자의 수가 1개이면 이중수소, 2개이면 삼중수소로 불립니다. 원자가 전기적으로 중성을 갖기 위해서 양성자와 전자의 수는 같습니다.

수소

만약 양성자 1개와 중성자 1개를 가지게 되면 질량 2인 수소가 되고 이중수소라고 부릅니다. 만약 양성자 1개와 중성자 2개를 가지면 질량이 3이 되고 삼중수소라고 합니다. 삼중수소는 중성자가 많아서 불안정하여 방사성물질입니다. 반면 수소와 이중수소는 안정합니다. 세 개 모두 수소입니다. 질량이 달라졌다고 해서 수소가 헬륨이 되거나 리튬이 되지는 않습니다.

동위원소란 양성자 수는 같고, 중성자 수가 달라서 총질량이 달라진 원소입니다. 동위원소 중 불안정한 방사성물질이 다수 존재하며 앞으로 이 책에서 많은 관심을 가지며 설명할 것입니다.

방사성 동위원소

실제로 모든 원소는 하나 이상의 동위원소를 갖고 있습니다. 그리고 우주의 원소 중 절반 이상은 하나 이상의 '불안정한' 동위원소를 가집니다. 즉 각각의 원소마다 원자핵이 안정되기 위한 양성자 수와 중성자 수가 정해져 있는데, 핵이 안정화하기 위해 필요한 양성자 수와 중성자 수보다 더 많은 중성자가 핵에 존재하게 되면, 이 원소는 불안정하기 때문에 언젠가 자발적으로 에너지가 더 낮은 상태로 바뀌려고 합니다. 즉, 안정성이 있는 다른 원자로 바뀌게 됩니다.

불안정한 원자는 안정한 상태로 가기 위해 에너지에 해당하는 방사선을 방출합니다. 한창 자라는 아이가 한참 뛰어놀고 나면 바로 잠이 드는 것처럼 에너지는 소진되고 낮은 상태로 들어갑니다. 자발적으로 안정된 원자 상태가 되는 과정에서 방사선을 마구 방출하고 있는 상태의 원소를 방사성 동위원소라고 합니다.

우리가 화가 났을 때 얼굴이 빨갛게 되는 것이 '열'이라는 에너지가 나오기 때문인데요. 방사선 동위원소도 일반 원소가 화가 나서 '방사선'이라는 에너지를 낸다고 생각하면 됩니다.

그림 15. 구름과 에너지. 불안정한 상태는 안정한 상태로 가기 위해 에너지를 방출합니다.

우리가 항상 화나 있지 않은 것처럼, 방사성 동위원소도 영원하지 않습니다.

우리가 화가 나면 얼굴이 빨갛게 '열'이 나다가, 점점 없어지듯이, 방사성 동위원소도 나오는 '방사선'이 시간이 갈수록 줄어듭니다. 이렇게 화가 난 원소를 방사성 동위원소라고 하고, 내뿜는 에너지는 방사선이라고 보면 반으로 되는 시간을 반감기라 하고 여러 번의 반감기를 무한히 반복하면 방사성 붕괴의 과정을 거쳐 방사성이 아닌 단계에 들어갑니다.

지금 우리가 보는 시점에는 방사성물질일지라도 가까운 시간 후 혹은 먼 훗날 이 물질은 방사성물질이 아닌 존재가 됩니다. 영원한 존재란 실질적으로 많지 않습니다. 이 우주 안에서는 에너지가 흐르며 움직입니다. 그리하여 그 어떤 물질도 영원히 안정하지도 불안정하지도 않습니다. 다만, 인간이 인식하는 시간에서 우리는 수많은 물질이 안정하냐 안정하지 않느냐를 생각할 뿐입니다.

이온화방사선

원자 내에서 양성자(+)의 수와 전자(-)의 수가 같으면 전기적으로 중성입니다. 만약 어떠한 이유로 양성자의 수가 많아지면 중성 상태에서 전자수가 감소한 것처럼 보일 수 있어 전하를 갖게 됩니다. 이러한 상태를 이온이라고 합니다.

전기적으로 중성인 원자에서 전하를 떼어 내거나 양성자나 중성자의 수를 변화시키는 일은 꽤 큰 에너지가 들어갑니다. 이러한 이온화된 원자가 불안정하게 방사선을 내는 것을 이온화방사선이라고 합니다. 다른 이름으로는 전리방사선이라고 하며, 유해한 방사선입니다.

서로 사랑하는 두 사람을 떼어 놓으려면 엄청난 에너지가 들어가는 것과 같은 원리입니다.

방사선의 종류

　방사능은 방사선을 방출할 수 있는 능력입니다. 방사성 동위원소는 방사선을 냅니다. 발생한 방사선은 꽤 종류가 많습니다. 과학적인 사실이 발견이 되면 특성에 맞추어 분류를 하는 것이 일반적입니다. 다양한 방사선이 어떻게 분류가 되는지 살펴볼까요?

보통의 방사선인 전리방사선

우리가 걱정스러워하는 방사선이란 주로 전리방사선입니다. 전리방사선도 사람과 같이 생각할 수 있습니다. 우리가 힘(에너지)이 없을 때 또는 움직이지 않고 잠을 잘 때는 아무에게도 피해를 끼치지 않지만, 사탕이나 단것을 먹으면 에너지가 넘쳐 막 뛰거나 돌아다닐 수 있는 것과 마찬가지로, 전리방사선도 엄청난 에너지를 가지고 이리저리 움직여 다니면서, 주변의 아주 작은 물질(분자 또는 원자)들을 파괴할 수 있는 상태에 있는 입자 또는 파동입니다.

전리방사선은 입자와 파동으로 크게 나눌수 있습니다.
입자들은 운동에너지를 가지고 자유롭게 움직여 다니는데, 가벼운 입자로는 전하를 띤 베타 혹은 전자라고 하는 매우작은 입자와, 수소의 핵인 양성자, 덩치가 큰 알파입자와 핵분열 생성물등이 있습니다. 전하를 띄지 않지만 운동어네지를 가진 중성자도 있습니다.

이러한 입자들은 암치료하는데 많이 사용됩니다. 우리가 말하는 세상은 입자든 선이든 몹시 작은 세상인 것은 분명합니다. 통상 '선'이라고 불리는 것들은 매우 작은 입자이나 파형처럼 인식될 때가 많습니다. 광자로는 파의 형태로 선처럼 흘러가는 전자기파의 일종인 엑스선, 감마선이 있습니다.

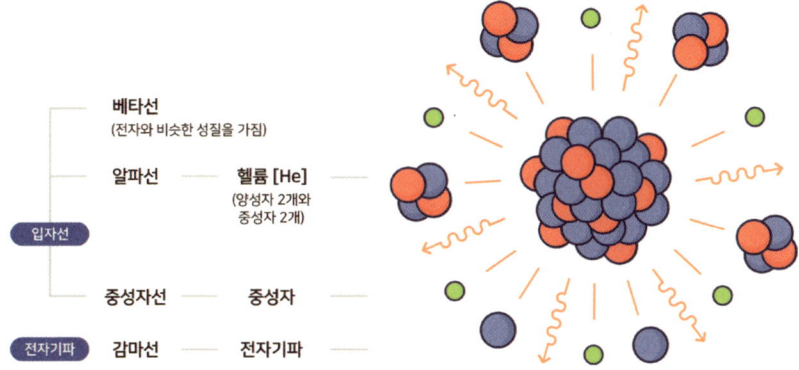

그림 16. 입자선으로는 베타선, 전자, 알파선, 양성자, 중성자 선 등이 있으며 전자기파로는 엑스선 감마선이 있습니다.

방사선이라 불리지만
흔히 알지 못하는 비전리방사선

우리 모든 곳에 방사선이 있습니다. 아무도 햇빛을 방사선이라고 생각 안 하지만, 햇빛에 들어 있는 자외선, 가시광선, 적외선과 마이크로파, 극초단파, 초단파, 단파, 중파, 장파 등은 비전리방사선으로 구분합니다. 그리고, 당연히 인간은 지구 위에서 언제나 방사선에 노출되며 살아왔습니다. 방사선이 싫다고 하는 사람들은 이렇게 말해야 좀 더 정확한 표현을 할 수 있습니다.

"전 전리방사선이 싫어요~ 비전리방사선 중에서도 좀 싫은 것이 있어요"라고 말이죠.

그림 17. 방사선 분류. 우리가 흔히 말하는 방사선은
전리방사선이며 입자와 전자파로 구분합니다.

전리방사선이 몸에 들어오면

 전리 방사선이 인체에 들어오면, 우리 몸 안의 장기들을 구성하는 세포 안의 분자들을 구성하는 원자하고 만나서 에너지를 주고 받습니다.

 원자가 에너지를 받아 변하게 되면, 분자구조가 변화를 일으키고, 그 결과, DNA의 변화, DNA를 이루는 염색체의 변화, 염색체를 담고 있는 세포의 변화, 세포가 모여 있는 조직의 변화, 조직이 이룬 인체 장기의 변화가 발생합니다! 마치 모래알에서 거대한 지구까지 가는 일련의 과정이 순차적으로 펼쳐집니다.

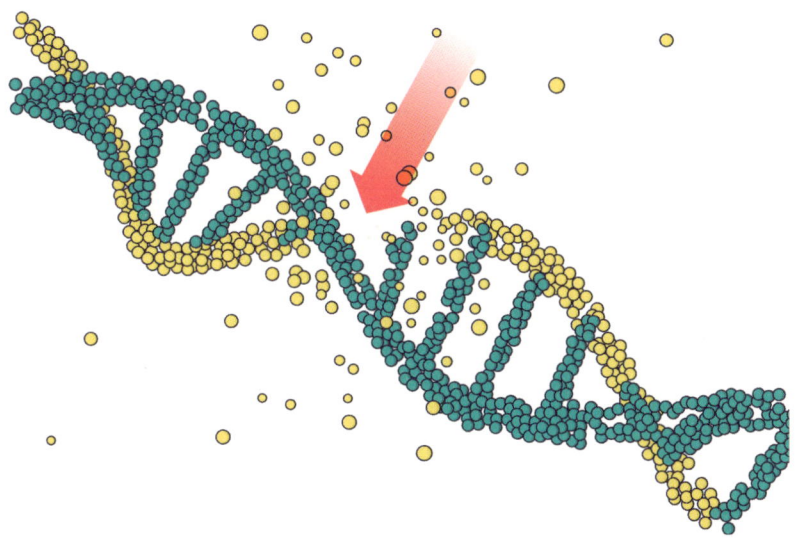

그림 18. 전리방사선의 인체 영향. 전리방사선 에너지가 인체에 들어오게 되면 원자, DNA, 염색체, 세포, 조직, 장기, 인체 등으로 순차적 영향을 줍니다. 작은 에너지는 미미하여 영향이 없고, 큰 에너지는 인체에 영향을 줍니다.

전리방사선은 그 특성이 매우 다릅니다. 단위 길이당 전달되는 에너지 정도에 따라 다르고, 단위 시간당 전달되는 에너지에 따라 다르며, 방사선에너지를 쏟아붓고 멈추는 정도에 따라, 또는 전리방사선의 질량에 따라서도 다릅니다. 세포에 방사선을 조사하면 세포의 생존에 필수적인 기관이며 생물체의 유전정보를 담고 있는 DNA와 세포막에 직접 혹은 간접적인 작용을 하여 세포를 죽일 수 있습니다.

우리가 사탕을 먹고 에너지가 넘쳐서 돌아다니면서, 주변의 책상, 의자 등과 부딪쳐서 책상이 깨지는 현상으로 이해하면 됩니다. 에너지가 높을수록 파괴력은 증가하겠죠?

Chapter 3

자연방사선과 인공방사선

자연방사선

자연방사선과 인공방사선은 동일한 방사선입니다, 다만 태어난 방법이 자연적인지, 인공적인지에 따라 다르게 이름을 붙인 겁니다. 자연분만과 제왕절개와 같은 인공분만으로 생각하면 이해하기 쉽겠죠?

자연방사선은 자연적으로 생성되는 방사선을 의미합니다.
자연적으로 나오는 방사선은 주로 방사성 동위원소에서 나오는 방사선입니다. 우리는 자연적으로 방사선을 방출하는 동위원소는 자연방사성 동위원소, 인공적으로 방사선을 방출하는(낳는) 동위원소는 인공방사성 동위원소로 구분됩니다

자연방사성 원소는 자연계에 존재하는 원소로서 우라늄, 라듐, 폴로늄 등 70여 종이 있습니다. 자연방사성 원소는 실상 지구의 탄생 혹은 그 이전부터 존재했던 암석, 토양 건축자재, 공기 등 모든 물질에 함유돼 있습니다. 세상의 물질을 구별해 보고자 노력했던 멘델레예프는 1896년 주기율을 탄생시켰습니다. 당시 초안에는 발견된 원소가 63개였으며 아직 발견 못 했으나 존재할 것으로 예측했던 원소 3개를 포함하였습니다. 갈륨(Ga), 스칸듐(Sc), 게르마늄(Ge)이 그 예측 물질이었으며, 현재는 이들을 발견하여 118개 원소가 주기율표에 있습니다.

인공방사선

인공방사선은 사람들이 방사선을 기계적으로 만들어서 나오는 방사선입니다. 여러분이 제일 잘 아는 인공방사선은 엑스레이입니다. 병원에 가서 폐에 문제가 있는지를 확인하기 위해 찍는 엑스레이는 기계적으로 안정한 원자를 높은 에너지로 때릴 때 방출되는 방사선입니다. 따라서 인공방사선은 사람들이 기계적으로 컨트롤할 수 있어서, 원할 때만 방출되고, 원하지 않을 때는 방출되지 않으므로 자연방사선과는 달리 계속해서 나오지 않습니다.

인공방사성 원소는 자연 상태에서 존재하지 않고 인공적으로 만들어낸 원소를 가리킵니다. 대표적으로 우라늄보다 양성자 수가 큰 초우라늄 원소가 있으며 플루토늄을 비롯해 악티늄족 원소가 있습니다. 주요 인공 원소를 발견하고 공표한 기관으로는 미국 버클리 캘리포니아대학(UC 버클리), 러시아 합동원자력연구소(JINR), 미국 로렌스버클리국립연구소(LBNL), 로렌스리버모어국립연구소(LLNL), 독일 헬름홀츠중이온연구소(GSI), 일본 이화학연구소(RIKEN) 등이 있습니다. 한국에서는 기초과학연구원(IBS)과 대전 유성구에 건설 중인 희귀 동위원소 발견을 위한 중이온 가속기 '라온(RAON)'이 이러한 역할을 합니다. 인공적으로 만들어진 방사성 동위원소는 약 2,000여 개가 넘습니다.

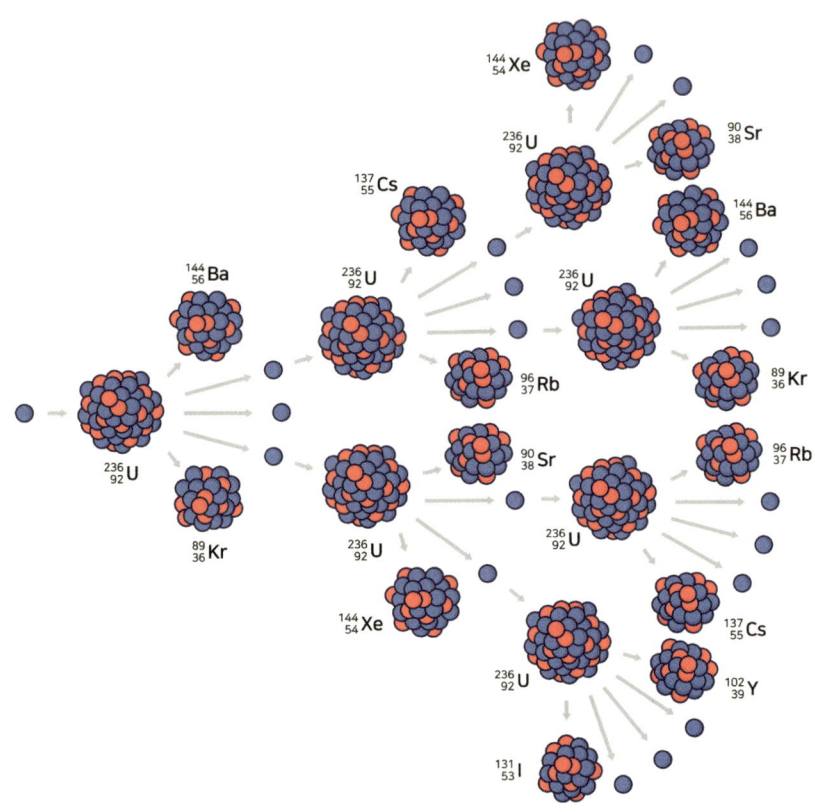

그림 19. 방사성물질 붕괴.

알파입자를 방출하는 방사성 붕괴

　방사성 붕괴 시 나오는 방사선은 다양합니다. 우라늄 같은 방사성 동위원소는 붕괴될 때 양성자 2개와 중성자 2개로 이루어진 입자인 알파입자가 나오는데, 알파입자는 헬륨입자로도 불리기도 합니다. 그 이유는 같은 질량가를 가지기 때문입니다. 다만, 헬륨이 높은 운동에너지로 움직일 때만 알파입자와 같은 방사선이 됩니다.

　아이들이 좋아하는 헬륨가스는 공기보다 가벼워서 풍선 안에 넣으면 떠오릅니다. 헬륨가스는 매우 안정한 기체라서 당연히 방사선이 아닙니다. 헬륨 원소의 핵이 불안정하게 운동에너지를 가진 알파입자가 될 때만 방사선이며 인체에 해를 줄 수 있습니다.

　알파입자(방사선)는 우라늄 같은 방사성 동위원소가 붕괴되면서 탄생하고(자연방사선), 인위적으로 가속기라는 장비에서도 탄생됩니다.

그림 20. 헬륨 풍선. 헬륨 기체는 공기보다 가벼워 공기 중에 뜰 수 있고, 매우 안정한 기체입니다.

무거운 알파입자의 낮은 투과력

알파입자는 양성자 2개와 중성자 2개의 질량 4로 상당히 무거운 방사선입자입니다. 무거운 돌을 멀리 던질 수 없듯이 무거운 방사선은 멀리 이동하지 못합니다. 또한, 덩어리가 크며 양전하를 띠고 있는 알파입자의 물질 투과율은 매우 낮습니다. 얼마만큼 투과율이 낮은가 하면 종이 한 장, 공기 수, 피부에 의해서도 쉽게 차단될 수 있습니다. 종이 한 장으로 방사선을 막을 수 있다니, 멋지지 않나요?

그림 21. 종이 한 장의 힘. 알파입자방사선은 종이 한 장으로 막을 수 있습니다.

입자방사선, 베타입자/전자

우리가 흔히 말하는 전자가 엄청난 운동에너지를 가지고 마구 움직이면 방사선이 되는 겁니다. 그리고 전자가 자연적으로 방사성 동위원소로부터 탄생하게 되면(자연방사선) 우리는 베타입자라고 부릅니다. 반면 전자가 가속기와 같은 장비에서 인위적으로 발생되면서 운동에너지를 가지면 전자라고 부르지만 방사선입니다.

베타입자(자연적으로 탄생하는 전자)는 베타 붕괴에 의해 탄생됩니다. 베타 붕괴는 베타 (+) 붕괴와 베타 (−) 붕괴 두 가지를 모두 포함합니다. 양전자가 자연적으로 탄생하면 '베타+'라고 부르고, 음전자가 자연적으로 탄생하면 '베타−'라고 부릅니다.

베타입자(방사선)는 중성자보다 적은 수의 양성자를 가지고 있는 칼륨이나 세슘 같은 방사성 동위원소가 붕괴될 때 탄생합니다(자연방사선). 인위적으로 가속기라는 장비에서 탄생하는 베타는 전자라고 부릅니다.

좀 복잡하죠? 쉽게 설명하면 전자와 베타는 동일한 입자로, 감마선과 엑스선과 같이 태어난 방법에 따라 다르게 부릅니다.

베타(방사성 동위원소로부터 자연적 탄생)
전자(가속기와 같은 장비로부터 인공적 탄생)

감마선(방사성 동위원소로부터 자연적 탄생)
엑스선(가속기와 같은 장비로부터 인공적 탄생)

베타 마이너스 붕괴

베타 (-) 붕괴의 경우 핵의 중성자 1개가 양성자 1개로 바뀌게 되면 원자번호가 1 증가합니다. 양성자의 수는 원자번호입니다!

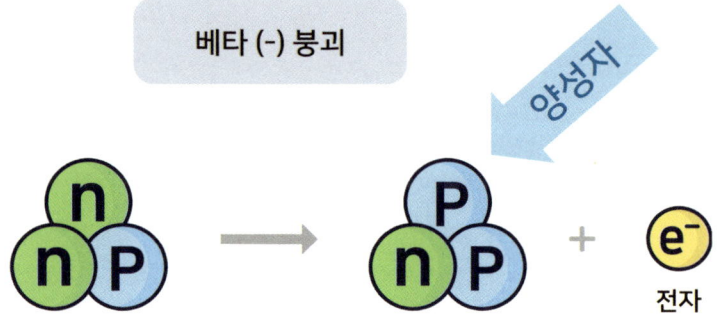

그림 22. 베타 (-) 붕괴. 원자번호가 증가합니다.

베타 (+) 붕괴

 탄소는 양의 전하를 띤 양전자를 방출하면 반대로 양성자 1개가 중성자 1개로 바뀌면서 원자번호가 1 감소합니다. 이때 탄소가 붕소 원자로 바뀌게 됩니다. 이것은 베타 (+) 붕괴라고 합니다.

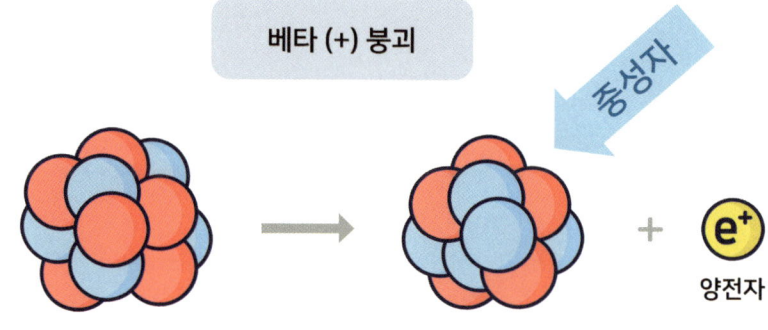

그림 23. 베타 (+) 붕괴. 원자번호가 감소합니다.

가벼운 베타/전자입자의 높은 투과력

베타입자는 양전자와 전자를 모두 말합니다. 베타입자는 질량이 매우 작고 속도가 빨라 비교적 높은 투과력을 가집니다. 그렇다 해도 베타선은 알루미늄박(포일)이나 얇은 플라스틱으로 충분히 막을 수 있습니다.

감마선은 에너지의 흐름처럼

　불안전한 원소가 안정된 원소로 변화하는 과정에서 알파입자가 방출되면 알파 붕괴, 베타입자가 방출되면 베타 붕괴라고 하는데 이러한 과정에서 에너지 균형을 맞추기 위해 방출되는 에너지 덩어리를 감마선이라고 합니다. 감마선은 전자기파의 일종으로 열에너지와 같은 에너지의 흐름입니다.

그림 24. 에너지 흐름. 에너지는 균형을 맞추기 위해 흐릅니다.

자연적으로 탄생한 감마선,
인공적으로 탄생한 엑스선

감마선은 원자와 **원자핵이 상호작용을 하면서 방출되는 에너지**로 자연적으로 발생하는 에너지는 감마선이며, 빠른 속도로 진행하는 전자가 금속 원자의 영향으로 급속하게 감속되거나 정지하는 경우에 **전자가 가지고 있던 운동에너지가 전자기파의 형태로 변환될 때 나오는 방사선에너지를 엑스선**이라 정의합니다.

감마선과 엑스선은 결국 같은 방사선인데, 감마선은 자연적으로 발생하고, 엑스선은 인공적으로 발생합니다. 자연분만과 제왕절개분만과 비슷합니다.

감마선과 엑스선의 동일한 특성

과거에는 과학적 측정 기술의 한계로 인해 인위적으로 만드는 엑스선의 에너지가 자연적으로 발생하는 감마선의 에너지보다 낮게 보였습니다. 따라서, 감마선의 에너지가 높다고 보고되었다가 현재에는 고에너지의 엑스선을 방출하는 기술이 발전하여 감마선과 엑스선이 특성에서 모두 동일한 것으로 드러났습니다. 감마선 또는 엑스선은 질량이 없는 에너지 덩어리로, 높은 투과력을 가지고 있으며 에너지의 기원이 원자핵력이면 감마선, 원자핵력이 아니면 엑스선이라고 생각하면 쉽습니다.

측정이란 현재의 기술이 반영된 결과

이처럼 미지의 존재를 상상하고, 증명을 위해서는 측정이 필요합니다. 이러한 대단한 일을 하기 위해서 훌륭한 과학자들은 큰 노력을 시행했습니다. 하지만, 새로운 현상을 파악하기 위해서는 심연처럼 깊고 넓은 생각과 편견 없는 관찰이 필요합니다. 또한, 현재 기술의 한계로 인해 측정하지 못하는 무수히 많은 물질이 있을 수 있음을 기억해야 합니다.

그림 25. 바다. 알려지지 않았던 심연의 지식은 편견 없이 들여다볼 때 관찰됩니다.

자연계에 존재하기 어려운 자유 중성자

중성자를 방출하는 물질은 매우 드뭅니다. 캘리포늄과 같은 방사성 동위원소는 방사선 붕괴 시 중성자를 방출합니다. 중성자는 양성자보다 약간 무거워서 불안정하며 원자핵에 의해 쉽게 잡힙니다. 자유로운 상태에서 중성자는 자연계에서 잘 존재할 수 없습니다. 설사 존재한다 하더라도 10분 정도 후에는 양성자와 전자로 곧바로 분리됩니다.[1] 하지만, 유도 방사능과 같은 인공적인 방사선 연구를 할 때나 높은 에너지로 가속된 양성자 등 입자를 핵에 충돌시킬 때, 원자력발전소에서 우라늄과 같은 무거운 원자핵의 핵분열 시에 중성자 방출 현상을 관찰할 수 있습니다.

---

1 서효정, 『중성자 포획치료』, 지식과감성#, 2017, 31쪽

중성자의 가장 높은 투과력

중성자는 전기적인 성질을 가지고 있지 않으며, 여러 가지 방사선 중에 가장 높은 투과력을 보입니다. 따라서, 중성자선을 차단하기 위해서는 많은 양성자를 가진 물질이 필요합니다. 즉 나무나 물은 중성자를 막는 데 유용하며 연구소나 원자력발전소에서 흔하게 사용하는 물질입니다.

그림 26. 중성자의 직진성. 중성자는 전하를 띠지 않으며 높은 투과력을 갖습니다. 투과력이 좋은 중성자를 막으려면 물, 나무, 콘크리트 같은 재질을 사용할 수 있습니다.

방사선을 막고 싶어요

 우리는 자연 상태에서 굉장히 다양한 방사선을 만나며 살고 있습니다. 하지만, 원하지 않는 방사선을 막고 싶습니다. 우리가 방사선을 막는다고 할 때, '차폐'라는 단어를 씁니다. 방사선의 종류가 무엇이냐에 따라 방사선 차폐는 다릅니다. 인간은 에너지를 자유자재로 다루고 싶은 욕망을 현실화하고자 X이라는 미지의 물질을 조절할 수 있게 되었습니다. 따라서, 다양한 에너지 수준의 엑스선을 방출할 수 있게 되었으며, 마찬가지로 감마선의 세기 등도 조절할 수 있게 되었습니다. 질량이 없는 에너지 파형인 엑스선이나 감마선을 막기 위해서는 에너지에 따라 몇 cm의 납판이나 두꺼운 콘크리트를 이용합니다. 에너지에 따라 막아야 하는 두께 층은 물리적으로 이미 계산이 되어 있어 차폐물 해석에 쉽게 사용할 수 있습니다.

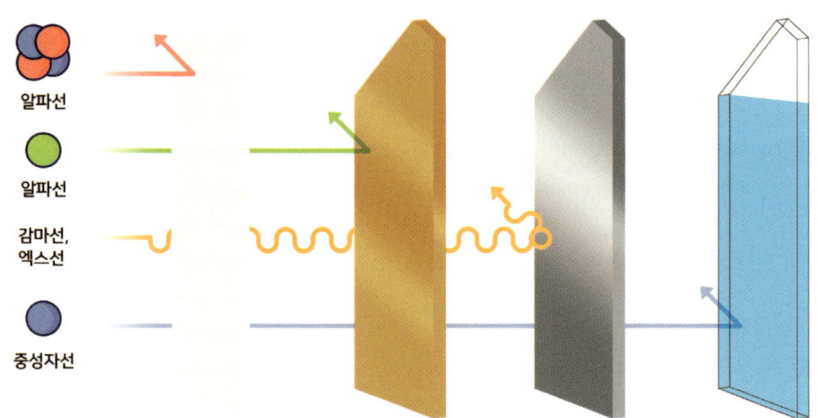

그림 27. 방사선과 차폐. 알파선은 종이 한 장으로 차폐가 가능하며, 베타선은 얇은 금속판으로 차폐가 가능하고 감마선은 납이나 철판으로 차폐가 가능합니다. 중성자선은 물이나 콘크리트로 막을 수 있습니다.

Chapter 4

보이지 않는 방사선을
보이도록

보려고 하는 사람에게만 보이는 것들

　보이는 것을 관찰하기는 쉽습니다. 하지만, 보이지 않는 것을 추측하고 관찰하는 것은 참 어렵습니다. 물리학, 천문학, 지구과학, 방사선학, 미생물학, 바이러스학 등의 학문만을 살펴봐도 현상을 관찰하기에는 어려움이 많습니다. 그 이유는 '존재'를 증명할 관찰 도구가 마땅치 않았으니까요. 과거로 돌아가 관찰 도구가 없던 시절을 생각해 봅니다. 미지의 존재가 있을 것을 추측하는 '가설 상상'이 없이는 그 시작은 불가합니다.

　방사선은 볼 수도, 들을 수도, 만질 수도 없으며 맛도, 냄새도 없습니다. 방사선은 지구 이전에도 태초 우주의 시작에도 언제나 존재했었지만 오랫동안 인류의 시각하에서는 없었던 존재였습니다. 보이지 않는 존재를 상상하기는 참 어려웠습니다. 방사선의 존재가 세상에 알려진 것은 약 120년 되었습니다.

　인간이 볼 수 있는 영역은 가시광선뿐입니다. 인간이 느낄 수 있는 감각은 겨우 오감뿐이어서 그 감각을 넘어선 곳에 존재하는 모든 것은 인지할 수 없었습니다. 아직, 인류는 인지하지 못한 무수한 존재들과 함께 살아가고 있는 것이 분명합니다. 마리 퀴리의 방사능 명명과 뢴트겐의 엑스선에 대한 발표는 당시 세계적으로 많은 사람에게 충격을 주었습니다. 유령처럼 존재했던 방사선이 드디어 인류의 인지하에 모습을 드러낸 순간입니다.

그림 28. 가설 상상. 현실에서 쉽게 관찰할 수 없는 존재를 알아내기는 어렵습니다. 먼저, 존재할 것이라는 상상을 바탕으로 이를 관찰할 수 있는 장치가 개발되어야 합니다.

Chapter 4. 보이지 않는 방사선을 보이도록

단위와 용어는 이해의 시작

'내가 그의 이름을 불러 주었을 때 그는 나에게로 와서 꽃이 되었다'라고 말한 김춘수 님의 「꽃」의 글귀처럼, 어떠한 현상을 정의하기 위해서는 먼저 특성에 맞는 단위와 용어를 규명해야 합니다. 또한, 방사선을 측정하려면 그 전에 먼저 방사선과 관련된 단위의 개념을 알고 가야 합니다. 단위를 알아야 그 이후의 설명을 이해할 수 있습니다.

방사능 단위, 베크렐과 큐리

먼저 방사능의 단위를 알아보겠습니다. 방사능의 단위로는 베크렐(Bq)이 있습니다. 이는 어떤 물질 중에 함유된 방사성 동위원소가 단위 시간 내에 몇 번 붕괴를 일으키는지를 나타내는 단위로 물질 가운데 함유된 방사성 동위원소의 양과 반감기에 따라 결정됩니다. 베크렐(Bq)은 국제 표준 단위입니다. 1Bq은 1초에 1개의 원자가 붕괴돼 1개의 방사선이 나오는 것을 의미하는 세기입니다.

$1Bq = 1s^{-1}$
**1초에 1개의
원자핵이 붕괴!**

그림 29. 베크렐 단위. 방사능의 활동을 나타내는 양의 단위로 국제 표준 단위입니다.
불안정한 원자핵이 안정한 원자핵으로 바뀌면서 방사성 붕괴가 일어납니다.
1초에 방사성 붕괴가 1번 일어날 때 1베크렐이라고 합니다.

국제 표준 단위는 아니지만 퀴리 부인의 퀴리에서 기인한 유명한 방사능 단위가 있습니다. 1퀴리(Ci)는 1초에 3.7×10^{10}개의 방사선이 나오는 것을 의미하므로 1Ci=3.7×10^{10}Bq입니다. 퀴리 단위는 베크렐에 비교하여 매우 큰 단위입니다.

그림 30. 피에르 퀴리와 마리 퀴리의 파리 연구실 모습.
퀴리 부인의 본명은 마리아 살로메아 스크워도프스카이며
폴란드 출신의 프랑스 과학자입니다. 방사능 분야의 선구자적 연구이며
노벨 물리학상과 화학상을 동시에 받은 수상자입니다.
지도 교수가 앙리 베크렐이었습니다.

옛날 방사선 단위, 뢴트겐, 조사선량

과거에는 방사선을 측정하기 위해 과학자 이름을 따서 단위를 만들곤 했습니다. 뢴트겐(R)은 엑스선이나 감마선의 과거 방사선 단위였으며, 공기 중에서 원자를 이온화하는 정도를 의미합니다.

1R은 0도, 1기압의 공기 $1cm^3$ 중에서 2.08×10^9쌍의 이온이 생성되는 방사선의 양입니다. 이후 1R은 전하를 단위 질량으로 나눈 값으로 표현되어 0도, 1기압에서 $2.58 \times 10^{-4} C/kg$의 이온화가 일어나는 방사선의 양으로 설명합니다. 1R은 공기 중에서의 방사선량이므로 인체에 미치는 영향을 고려하려면 현재 많이 쓰이지 않습니다. 공기가 방사선을 받는다는 개념에서 조사선량이라고 불리기도 합니다.

그림 31. 빌헬름 뢴트겐. 독일의 물리학자로 뷔르츠부르크대학교에서
엑스선을 발견하였습니다. 엑스선 발견은 세계적인 유행을 일으켰고,
이로써 그는 1901년 최초 노벨 물리학상을 받았습니다.
하지만, 그의 이름을 딴 방사선 단위는 현재 많이 쓰이지 않습니다.

요즘 방사선 단위, 그레이, 흡수선량

　방사선에 노출되었을 때 물체가 흡수한 에너지의 양을 나타내는 단위로 그레이(Gy)가 있습니다. 다른 말로 흡수선량이라고도 하며, 1Gy는 kg당 1줄(J)의 에너지를 흡수하는 방사선량입니다. 방사선을 흡수하는 물체는 나무, 흙, 철근 혹은 우리 몸처럼 다양합니다. 하지만, 우리 몸이 방사선에 노출되었다고 가정했을 때, 이 단위만으로는 인체에 미치는 영향을 알 수는 없습니다. 이전에는 그레이 대신 라드(rad)라는 단어를 사용했었으나, 현재 국제 용어는 그레이입니다.

흡수선량

1Gy = 1J / 1kg

그림 32. 방사선 단위 그레이. 그레이는 흡수선량에 관한 국제 표준 단위입니다. 1kg의 물질에 1J(줄)의 방사선에너지가 흡수되는 것을 의미하는 단위입니다.

방사선 종류에 따른 생물학적 효과 차이, 등가선량

만약, 우리 인체의 일부인 특정 장기나 특정 조직에 방사선을 받았거나, 인체 전체가 방사선을 받았을 때 생체 반응은 어떻게 될까요?

이전에 방사선의 종류가 꽤 많다는 것을 아셨을 겁니다. 당연하게도 이러한 방사선 종류에 따라 생체에 미치는 영향은 같지 않습니다. 동일한 방사선에너지 1Gy를 준다고 가정하면, 질량이 꽤 큰 알파선은 매우 가벼운 베타선에 비해 인체에 큰 생물학적 효과를 일으킵니다. 이것을 고려한 것을 다른 말로 방사선 가중치를 넣은 것이라고 합니다. 흡수선량에 방사선 가중치를 곱하면 등가선량이라는 단위가 나옵니다.

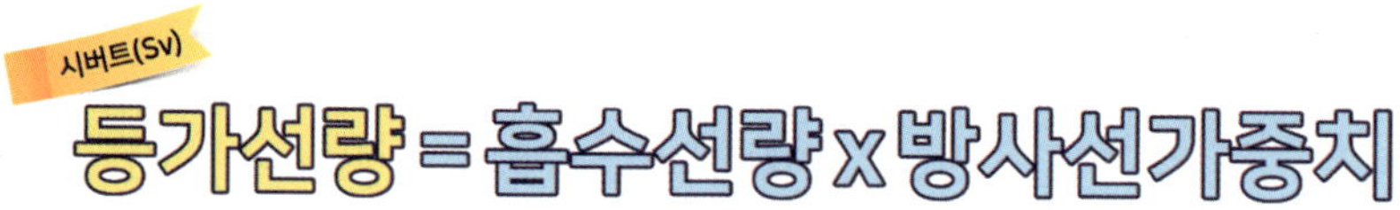

시버트(Sv)
등가선량 = 흡수선량 × 방사선가중치
그림 33. 등가선량.

등가선량과 유효선량 단위, 시버트

등가선량이 단일 장기나 조직에 받은 것이라서 일부분의 영향력을 평가할 수 있습니다. 한 사람의 영향력을 평가하기 위해서는 각 장기나 조직을 모두 포함하여야 합니다. 유효선량은 한 사람이 전신에 방사선을 받은 경우 방사선이 인체에 위험을 주는 위험도를 확률적으로 계산하여 실용적으로 방사선 방호에 활용하기 위해 만들어졌습니다. 국제적으로 사용하는 단위는 시버트(Sv)입니다. 과거에는 렘(rem)이라는 단위가 사용되었으며 100rem이 1Sv에 해당합니다.

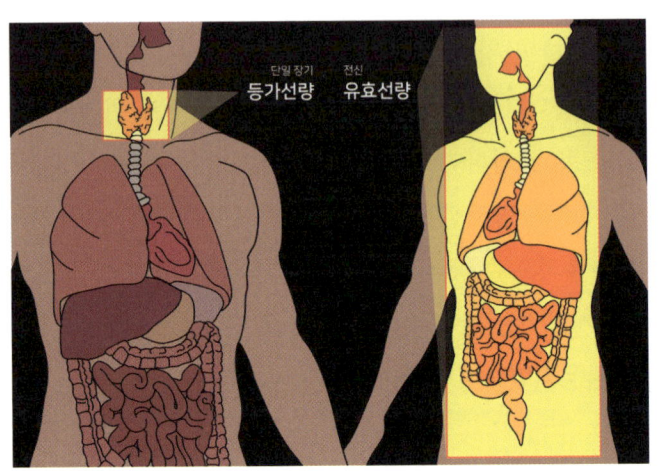

그림 34. 등가선량과 유효선량. 왼쪽 그림은 인체에서 목에 해당하는 단일 장기나 기관에 방사선이 조사된 것을 등가선량으로 나타낸 것이며, 오른쪽은 전신에 방사선의 효과를 유효선량으로 표현한 그림입니다.

표 1. 방사능과 방사선의 종류와 단위

종류		국제 단위	종래의 단위	환산
방사능		베크렐, Bq	큐리, Ci	1Ci=3.7×10¹⁰
방사선	조사선량	쿨롱/kg, C/kg	뢴트겐, R	1R=2.58×⁻⁴C/kg
	흡수선량	그레이, Gy	라드, rad	1rad=0.01Gy=1cGy
	등가선량	시버트, Sv	렘, rem	1rem=0.01Sv=1cSv
	유효선량	시버트, Sv	렘, rem	1rem=0.01Sv=1cSv

방사선 측정이란

측정이란 육하원칙과 다르지 않습니다. 어디서, 누가, 무엇을, 어떻게, 언제, 왜? 등의 질문을 해 봅니다.

방사선을 측정을 육하원칙에 끼워 맞추어 봅니다.

1. 어디서 방사선을 측정해야 할까요? (어디서)
2. 어떤 방사선인가요? (누가)
3. 방사선의 특성은 무엇인가요? (무엇을)
4. 어떻게 측정해야 하나요? (어떻게)
5. 얼마큼의 시간 동안 측정해야 하나요? (언제)
6. 충분히 그 값이 맞는지 확인했나요? (왜)

그림 35. 방사선의 측정의 추리. 그중 가장 먼저 해야 할 일은 거기 있는지 누군지를 밝히는 것에서 시작합니다.

방사선의 존재를 확인하는 방법

　방사선은 무색, 무미, 무취로 사람의 오감으로는 감별이 되지 않습니다. 그렇기 때문에 방사선은 주변이나 물질을 변화시킨 현상의 결과를 통해서 그 존재가 있음을 미루어 짐작해야 합니다. 즉, 다른 말로 하면 방사선을 물질에 쬐였을 때 나타나는 물리적작용을 이용해야 합니다. 방사선 측정에 이용되는 주요 물리적작용으로는 형광작용, 사진작용, 전리작용이 있습니다. 인체가 방사선에 노출되었다면 생물학적 또는 임상적 변화를 이용할 수 있습니다.

형광작용

형광작용은 말 그대로 방사선을 어느 특정한 물질에 쪼이면 그 물질에서 특수한 빛을 내는 작용을 말합니다. 방사선의 성질을 처음 연구할 때 이 작용을 이용해 방사선을 보는 경우가 많았습니다. 이를 응용한 기기로 섬광 검출기(scintillation counter)와 열형광 선량계(TLD)라는 기기들이 있습니다. 형광 또는 섬광은 들뜬 상태에서 에너지가 빛으로 방출되는 현상을 말합니다.

즉, 방사선의 존재를 '빛'이나 '형광'을 이용하여 알아보는 방법입니다. 지금은 아이오딘화나트륨(NaI)이나 아이오딘화세슘(CsI)을 이용해 만든 큰 형광체를 개발한 덕에 적은 양의 베타선과 감마선의 정확하게 측정할 수 있게 되었습니다.

다양한 섬광 검출기

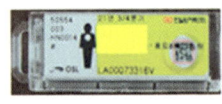

광자극 형광선량

그림 36. 섬광 검출기와 광자극 형광선량계.

감광작용

요즘에는 레이저나 잉크젯 프린터로 사진 프린트하는 시대가 되었지만, 옛날에는 수동 카메라에서 찍은 사진을 필름에 인화하는 방법을 사용하였습니다. 필름에는 브로민화 은[AgB]이라는 물질이 붙어 있는데, 빛에 잘 반응하여 검게 변합니다. 마찬가지로 필름에 방사선을 쪼이면 카메라 필름처럼 감광이 되어 검게 변합니다.

감광 정도를 측정하면 쪼인 방사선의 양뿐만 아니라 그 흔적을 이용해 방사선의 종류까지 알 수 있습니다. 위의 형광배지는 여기 작용에 의한 빛에너지 방출이라면 감광작용은 화학적인 반응의 결과입니다. 지금 방사선 종사자들이 피폭선량 측정을 위해 가장 많이 사용하는 방법은 형광작용이나 감광작용을 이용한 필름배지를 가슴 부위에 착용하는 방법입니다.

그림 37. 필름 인화. 필름에 붙어 있는 유제는 빛에 잘 반응하여 검은색으로 변하는 원리를 이용하여 사진을 찍습니다.

전리작용

　전리작용은 앞서 나왔던 이온화작용을 말합니다. 물질에 방사선을 쪼이면 원자에서 전자가 떨어지고 한 쌍의 양이온과 음이온이 만들어집니다. 이온 수는 방사선량에 비례해서 생기므로 이 작용을 이용해 방사선량을 잴 수 있습니다. 대부분의 방사선 측정기는 전리작용을 이용합니다. 방사선 종사자의 옷을 관리하는 데 사용하는 포킷챔버와 가이거·뮐러 계수기(Geiger-Muller Counter, GM카운터) 등이 대표적입니다.

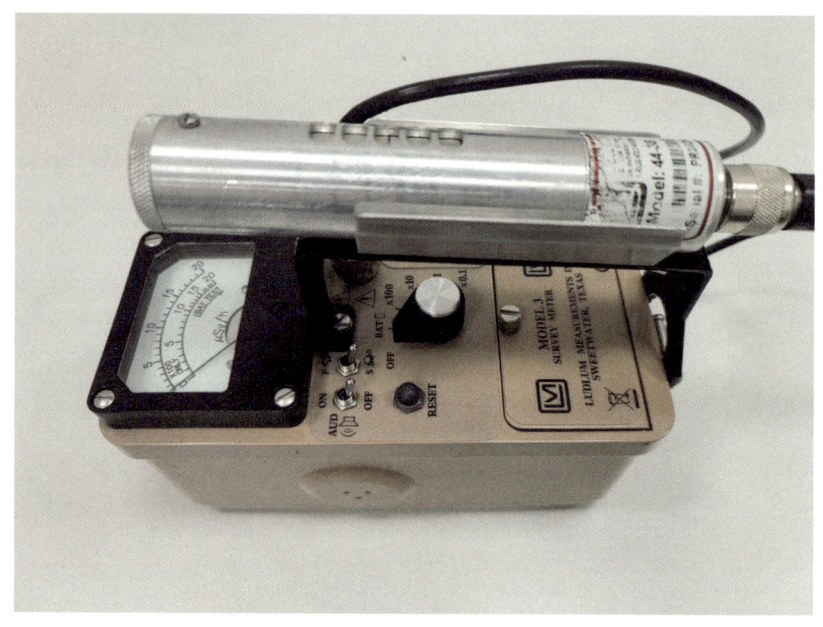

그림 38. 가이거·뮐러 계수기. 손으로 들도 다닐 수 있어 방사능 측정에 유용합니다. 방사능이 계수관 끝의 창을 통해 들어오면 기기에 담겨 있는 불활성 기체가 이온화되어 전류가 흐릅니다. 이온화 전류는 극미량이지만 그 신호를 증폭하여 측정을 용이하게 합니다.

태초에 방사선이 있었다

방사선은 태초부터 존재해 왔습니다. 하지만, 방사능을 처음 발견한 것은 지금부터 120여 년 전에 불과합니다. 그리고 오늘날 방사선과 그 응용 기술은 우리에게 수많은 일을 가능하게 해 주었습니다. 방사선을 발견하기까지 인류가 만난 위대한 여정의 첫발을 살펴보겠습니다.

전자기 유도현상과 음극선

영국의 물리학자이자 화학자인 마이클 패러데이는 1831년 전자기 유도 현상을 발견했습니다. 패러데이는 독학을 통해 과학을 익혔습니다. 그는 과학의 대중화에 노력하였으며 과학적인 진리로 사리사욕을 채우지 않고 겸손한 성품으로 유명하였습니다. 그의 전기와 자기에 대한 사실적 관찰은 몹시 흥미로웠습니다. 전기를 우리 곁으로 가져온 패러데이는 유리관의 양 끝에 전기를 통하게 하면 무언가가 흐른다는 것을 알아냈습니다. 음극선에서 나와 양극 쪽으로 흐르는 이것을 음극선이라 불렀습니다. 당시에는 음극선이 무엇인지 알아내기 위한 연구가 활발히 진행됐습니다.

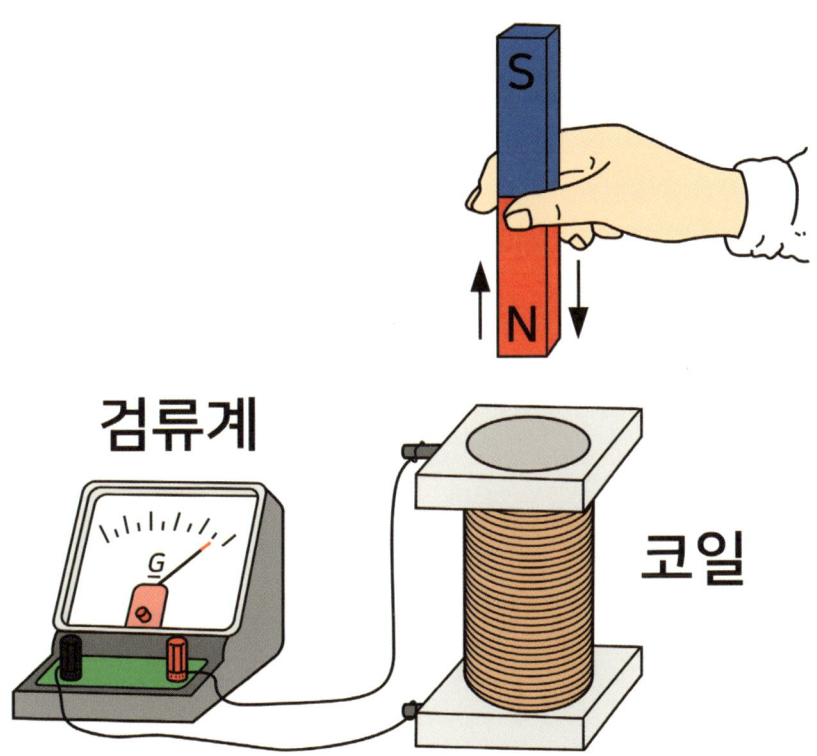

그림 39. 패러데이의 전자기 유도 실험.
자석으로 도선 주위의 자기장을 변화시키면 도선에 전류가 발생합니다.

음극선 근처의 형광물질

독일 뷔르츠부르크대학의 교수였던 뢴트겐도 음극선을 연구하던 한 명이었습니다. 그는 음극선을 금속판에 쏘는 등의 실험을 하는 한편, 음극선에서 새 나오는 빛을 검은 종이로 막으며 음극선의 성질을 알기 위해 연구를 계속했습니다. 그러던 중 우연히 음극선관 근처에 있던 **형광물질**이 빛나고 있는 것을 발견했습니다. 그사이에 다른 차단물을 놓아 보아도 이 현상은 없어지지 않았습니다. 음극선관에서 종이도 투과하는 보이지 않는 빛이 나온다는 것을 알게 된 것이죠.

몸속이 보여요! 첫 번째 엑스선 손 사진

1895년 12월, 그는 부인을 연구실로 불러 이 빛으로 부인의 손 사진을 찍어 보았습니다. 그러자 놀랍게도 손의 뼈와 끼고 있던 반지가 선명하게 나타났습니다. 이 최초의 방사선 사진은 빠른 시간 안에 전 유럽에 알려졌습니다.

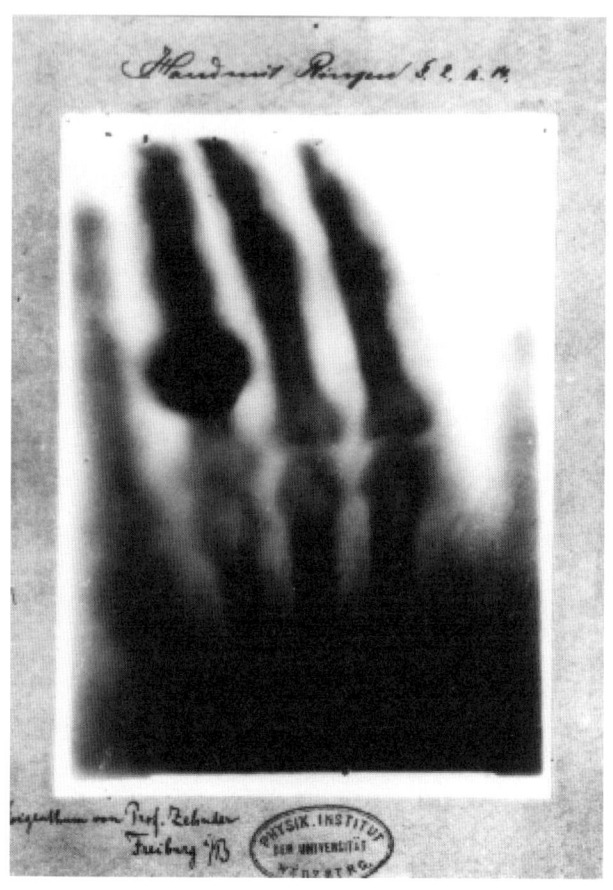

그림 40. 뢴트겐 부인의 엑스선 사진. 의학적 목적으로 촬영된 손 사진입니다.

몰라서 붙인 이름 엑스선

뢴트겐은 보이지 않았던 것을 투시할 수 있는 이 빛을 알 수 없다는 뜻의 엑스선(X-ray)이라고 이름을 붙였고, 수많은 과학자가 관심을 가지기 시작했습니다. 2년 뒤인 1897년 영국 케임브리지대학의 톰슨이 전자를 발견했고, 이후 엑스선이 전자와 밀접한 관련이 있음도 밝혀졌습니다.

비록 엑스선의 정체를 알기까지는 발견 이후 많은 시간이 걸렸지만, 엑스선과 전자의 발견은 원자를 들여다보는 연구의 시작이 됐습니다. 엑스선은 파장이 아주 짧고 에너지가 아주 높은 전자기파, 즉 에너지 덩어리이며, 인위적으로 발생되는 방사선에 붙여진 이름입니다.

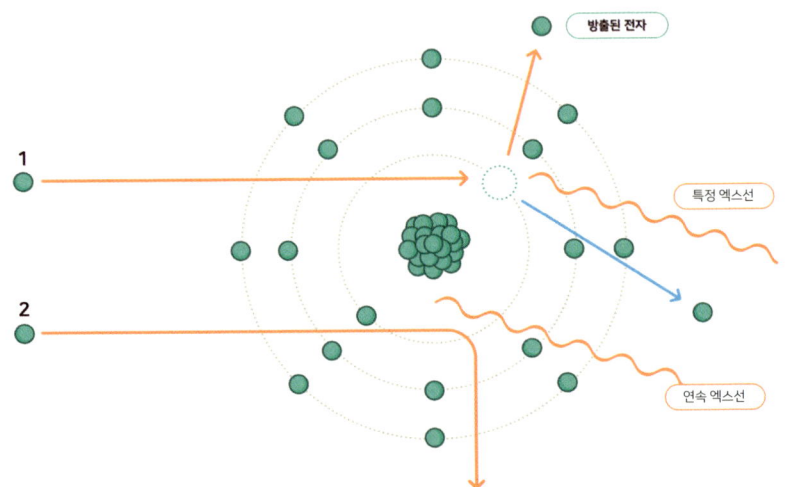

그림 41. 엑스선의 발생 원리. 특성 엑스선이란 가속된 전자가 궤도전자와 충돌 등 상호작용하여 외각전자가 위치가 달라질 때 (전이) 발생합니다. 즉, 외각전자가 위치가 달라지면 그 에너지 차이만큼 정해진 크기의 전자파가 방출되며, 특성 엑스선이라고 합니다. 반면, 가속된 전자가 원자핵 근처에서 쿨롱 힘에 의해서 감속되면서 속도에너지가 줄어드는(제동) 상태가 되며 전자파를 방출합니다. 이를 제동복사선 혹은 연속 엑스선이라고 부릅니다.

베크렐의 우라늄 감광 사진

그다음 해인 1896년 프랑스 과학자 앙리 베크렐은 서랍 속에서 꺼낸 사진 건판에 십자가 모양의 검은 무늬가 생긴 것을 보았습니다. 햇빛이 들지 않는 서랍에 우라늄 화합물을 검은 종이로 감싸 놓았을 뿐인데 감광이 되었습니다. 그는 이러한 사진작용이 엑스선과 관련이 있을 것이라고 추측하였으며, 우라늄염을 통해 방사선 존재에 다가가게 됩니다.

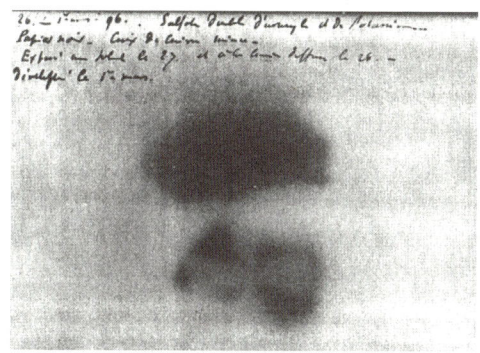

그림 42. 베크렐의 사진 건판.
방사성 우라늄염 사이에 놓인 금속의 몰타 십자가 음영이 그림자처럼
선명하게 관찰됩니다.

베크렐선에서 감마선으로

뢴트겐이 엑스선을 발견한 지 몇 개월 후인 1896년, 프랑스의 물리학자 베크렐은 그는 우라늄 화합물을 바꿔서 거듭 실험을 하면서 우라늄에서 조금씩 어떤 선이 나오고 있다는 것을 알아냈습니다. 처음에는 이를 베크렐선이라 불렀는데, 이후 영국의 러더퍼드가 감마선(gamma ray)이라고 이름을 붙였습니다. 감마선은 엑스선과 마찬가지로, 파장이 아주 짧으며 에너지가 아주 높은 전자기파입니다. 엑스선과 달리 자연적으로 발생되는 방사선에 붙여진 이름입니다.

앞에서도 언급하였듯이 감마선은 원자핵 전이에 의해 생긴 고에너지 전자기 복사를 가리키며, 엑스선은 가속전자의 에너지 전이에 의해 발생하는 고에너지 전자기 복사를 지칭할 뿐 성질은 동일합니다. 근원이 핵이면 감마선, 외부 전자에서 기인하면 엑스선이라고 할 수 있습니다.

방사능을 처음 명명한 마리 퀴리

 태초부터 있었지만 방사능의 이름은 19세기 말이 되어서야 붙여졌습니다. 방사능(radioactivity)이라는 이름을 처음 붙인 사람은 유명한 여성 과학자 마리 퀴리였습니다. 몇 년 사이에 세상을 바꿀 위대한 발견이 등장하던 시기, 프랑스 소르본대학의 박사과정 학생이었던 마리 퀴리는 베크렐이 발견한 신비한 방사선을 연구 주제로 삼았습니다. 1898년에는 방사선이 원자의 한 형질이라는 사실을 발견했습니다.

방사성물질을 찾아

마리 퀴리는 물리학자인 남편 피에르 퀴리의 도움을 받아 베크렐과는 다른 정량적인 방법으로 방사능을 관찰했습니다. 방사선의 세기를 측정하고 방사성물질을 연구하던 중 우라늄 외에 토륨도 방사선을 낸다는 것을 확인했습니다. 여기서 끝나지 않고 퀴리 부부는 화합물을 분리, 정제해서 연구를 계속합니다. 정제를 통해서 더 순도 높은 방사성물질을 분리해 내고자 하였습니다. 그런데 우라늄이나 토륨을 얻는 광석인 우라니나이트(피치블렌드)에서 정제한 우라늄이나 토륨보다 훨씬 강한 방사선이 나오는 것을 발견했습니다.

그림 43. 우라늄 광물 그림. 우라늄의 방사성물질 순도를 높이기 위해서는 정제의 과정이 필요합니다. 실제 광물의 모양은 생성된 지역과 환경에 따라 매우 다양한 색상과 모양을 갖습니다.

폴로늄의 발견

퀴리 부부는 더욱더 강한 방사성물질이 세상에 존재할 것이라고 추측하고 그들은 많은 실험과 연구를 하며 미지의 물질을 분리하기 위해 노력했습니다. 그 결과 1898년 마침내 강한 방사성물질을 찾아내는 데 성공합니다. 비스무트 침전물질에서 얻은 첫 번째 물질을 그녀는 조국 폴란드에서 이름을 따와 폴로늄(polonium)이라 정했습니다.

그림 44. 폴로늄 광물 그림. 우라늄 광석에서 추출되며 원자번호는 84입니다. 실제 광물의 모양은 생성된 지역과 환경에 따라 매우 다양한 색상과 모양을 갖습니다.

라듐의 발견

바륨 침전물질에서 얻은 두 번째 강한 방사성물질은 빛살을 뜻하는 'radius'에서 따와 라듐(radium)이라 이름을 붙였습니다. 그 이후 방사능 연구라는 새로운 시대가 본격적으로 시작됐으며 방사선의 성질과 관련된 중요한 발견이 많이 이루어졌습니다. 그 공로로 1903년 베크렐과 퀴리 부부는 방사능 현상 연구 공적으로 노벨상을 수상하게 되었습니다.

그림 45. 라듐. 원자번호 88번.

노력을 통한 정제의 산물 라듐염

하지만 라듐이나 폴로늄은 아직 순수한 상태로 얻어진 것은 아니었고, 그 성질을 연구하기에는 모든 게 턱없이 부족했습니다. 그래서 마리 퀴리는 순수한 라듐염을 얻기 위해 연구에 전념하였습니다. 그러나 그럴듯한 연구실에서 좋은 대우를 받으며 연구한 것이 아닙니다. 연구비는커녕 실험실도, 부부 외에는 연구원도 없었습니다. 퀴리 부부는 폐기된 의과대학 헛간에서 방사능 기체를 내보낼 후드도 없는 열악한 실험 환경하에서 전 재산을 털어 연구를 지속합니다. 무려 8t의 우라니나이트(피치블렌드)를 사용해 수만 번의 분리, 정제 끝에 그녀는 0.1g의 라듐염을 추출하는 데 성공합니다. 그 결과 라듐의 원자량을 측정하고 라듐을 주기율표에 등재하게 됩니다. 1910년에는 마침내 순수한 라듐 금속을 얻기도 했습니다. 이로써 당시 과학자들이 강력한 방사성물질을 얻게 되었습니다. 퀴리 부부는 노력 끝에 개발한 분리, 정제 방법에 특허를 신청하지 않아 방사선 연구와 산업을 크게 발전시켰습니다.

방사화학의 선구자 마리 퀴리

폴로늄과 라듐의 발견, 분리 방법 연구 등에 관한 공헌으로 1911년 마리 퀴리는 또 한 번의 노벨상을 수상하게 됩니다. 그녀는 노벨상을 받은 최초의 여자이자 노벨상을 두 번 수상한 유일한 과학자인 셈입니다. 마리 퀴리의 연구는 방사화학이라는 새로운 분야를 열었고, 여러 가지 방사성 동위원소를 발견하는 초석이 됐습니다.

여기에 엑스선의 성질 등과 더해져 사람들은 방사선을 의학적으로 이용하기 시작했습니다. 실제로 퀴리는 제1차 세계대전에서 엑스선과 라듐이 붕괴되면서 나오는 라돈 기체를 이용한 장비로 부상자를 치료했습니다. 이후 라듐 연구소, 퀴리 연구소 등 현재에도 세계적인 연구를 수행하는 연구소와 퀴리 재단 등이 설립됐으며 인공방사선을 만드는 데 성공하는 등 방사선 연구는 날로 발전하게 되었습니다.

비록 지나친 방사선 피폭과 악화된 건강 등으로 1934년 그녀는 숨을 거두지만, 방사선이 생물학과 의학에 중요한 발전을 가져올 것이라는 그녀의 꿈은 지금까지 이어지고 드디어 눈부신 현실이 됐습니다.

그림 46. 마리 퀴리.

방사선의 존재를 보려 했던 과학자들

 이 보이지 않는 빛은 세상 어디에나 존재하는 자연의 일부였지만, 발견 이후 삶의 패러다임을 바꿀 만큼 대단했습니다. 방사선의 발견 이후 개발 시기와 정체 시기가 있었고 다양한 역사적인 사건들과 함께하기도 했습니다. 방사선은 누군가에겐 공포의 대상이었지만 누군가에겐 호기심의 대상이었고, 누군가에겐 삶의 은인이었고, 누군가에겐 꿈이 되었습니다. 방사선을 과학적으로 설명하고 함께 알아보는 것은 일상의 진리를 들여다보는 것입니다. 같은 삶을 살지만 누구는 깨닫고 생을 마감할 수 있습니다. 과학자들이 평생을 바쳐 방사선을 연구했던 이유가 이러한 지식의 욕망 덕분은 아니었을까요?

그림 47. 미지의 세상에서 현실 세계로 모습을 드러낸 방사선.

인체의 방사선 노출을 확인하는 방법

　인체가 방사선에 노출되었을 때, 인체가 받은 방사선의 양은 생물학적 또는 임상학적 변화로 확인이 가능합니다. 백혈구 수의 변화나 환자의 임상학적 증상을 보면서 선량을 유추해 볼 수도 있습니다. 낮은 선량의 방사선 노출일 경우에는 생물학적 선량 평가를 사용하는데, 혈액을 채취하여 혈액세포에서 변형이 발생된 염색체 수를 파악하는 염색체 이상 분석법들이 사용되기도 합니다. 현재 인체에 피폭된 방사선량의 측정은 100mSv 정도까지 가능합니다.

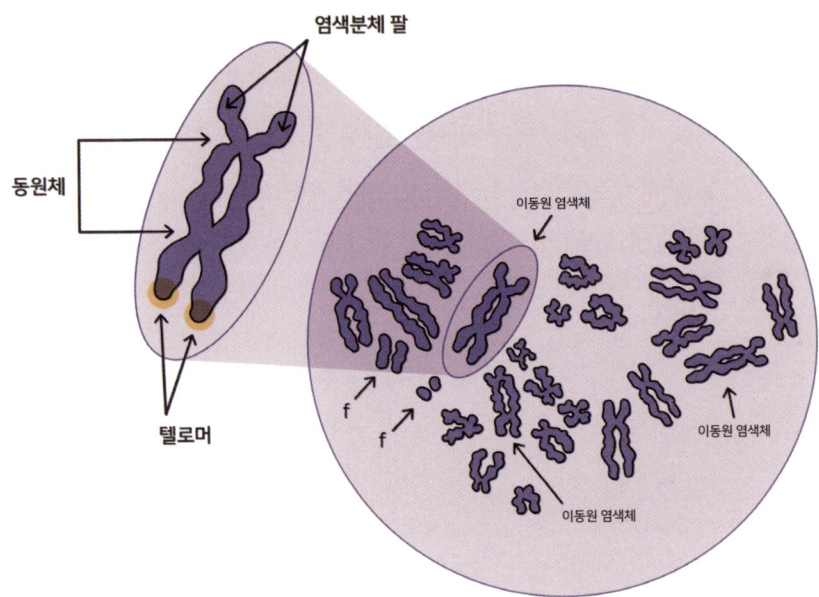

그림 48. 이동원 염색체 분석법. 왼쪽 그림에 염색분체를 확대하였으며,
두 개의 동원체를 가지고 있으며, 염색체가 방사선에 의해 이상 증상을 보인 것입니다.
정상에서는 한 개의 동원체를 가지고 있어야 합니다.

정확한 방사선 측정 전문기관이 필요

방사선을 측정하는 데는 최신 지견의 첨단 물리 기술이 필요합니다. 방사선 전문기관은 과거부터 지금까지 계속적으로 계측기법을 확립하고 검증을 통해 정확한 값에 대한 연구를 시행하고 있습니다. 사실 보이지 않는 것들을 보기 위해서는 기초에서부터 응용까지 다양한 과학기술의 연구 개발이 필요합니다. 전기, 방사선, 우주, 바이오, 환경 이러한 키워드의 핵심에서는 언제나 '기술'이 숨어 있습니다. 기술은 하루아침에 나오지 않습니다.

공부를 잘하고 싶은 준우라는 친구가 있다고 합시다. 준우가 수학을 50점에서 80점이나 90점까지 올리는 것은 아주 어렵지는 않습니다. 그렇지만 99점에서 100점을 맞으려면 50점에서 올리는 것보다 열 배 백 배의 노력이 들어갑니다. 마찬가지로, 주사 전자 현미경, 미세 자기장 측정장치, 미세 중력 측정장치, 우주 전파 측정장치, 방사성 동위원소 혹은 신규 원소 생성용 가속기 등 존재하는 줄 몰랐던 수많은 정보를 탐색하기 위해서는 우리가 현재까지 개발한 범위의 센서보다 더 높은 범위 혹은 아주 낮은 범위의 측정이 가능해야 합니다. 99점에서 100점 그 이상을 향한 노력이 필요합니다.

이러한 기초 연구 특히 방사선의 기초 연구부터 응용 연구까지는 막대한 돈이 들어갑니다. 1~2년 만에 결과가 나오는 것도 아니고 수십

년이 걸리는 일들이 허다합니다. 하지만, 세상 사람들은 달콤한 결과만을 알 뿐 그 결과를 내기 위해 막대한 돈과 인력과 시간을 들인 그 전 20~30년의 과정을 보려 하지 않습니다. 그럼에도 불구하고 연구자들은 하루를 견디며 꾸준히 진리를 찾고 있습니다. 그렇기 때문에, 방사선 전문 연구기관은 공공기관의 성격을 띠며 오랜 연구가 가능할 수 있도록 존재해야 합니다.

다행스럽게도 국내의 다양한 방사선 전문기관이 이러한 역할을 하고 있습니다. 한국원자력연구원, 한국원자력의학원, 방사선보건원, 한국원자력안전기술원, 한국표준과학연구원 등이 있습니다.

그림 49. 연구의 길. 방사선 분야의 연구는 끝을 알 수 없는 황량하고 추운 눈길과 비슷합니다. 사람들은 방사선의 응용으로 많은 혜택을 받지만 방사선에 대해서는 차갑고 냉정하며, 연구비는 풍족하지 않아 언제 연구가 끊길지 모릅니다. 돈이 없는 곳에 사람이 없고 기술이 사라지고 그 분야는 없어지는 흔한 악순환이 발생합니다.

일반 시민의 방사선 측정

2011년에 인천 영종도의 한 초등학교에서 환경운동연합 소속의 한 시민이 운동장에 찾아가 본인이 보유한 측정기로 방사선량을 측정해 보니 최대 0.62μSv(마이크로시버트=1/10^6시버트)로, 자연방사선량의 2배가 넘는 수치가 측정됐다고 언론에 보도한 일이 있었습니다. 이 일로 운동장을 일시 폐쇄하는 등 큰 혼란이 발생하기도 했지요. 그러나 원자력안전위원회가 전문가를 파견해 정밀 조사를 해 보니 방사선량은 최대 0.44μSv/h로 우리나라 어디에나 존재하는 자연방사선 준위임이 확인되었습니다. 세슘 같은 인공방사성원소도 전혀 측정되지 않았습니다.

"무엇이 문제일까요?"

"측정에는 검증이 필요합니다. 검·교정도 받지 않은 개인이 가진 선량계로 측정한 값은 범위가 몹시 넓어서 그 참값이 참값인지 믿기 어렵습니다!"

이러한 사례는 국내외에서 종종 발생합니다. 위험을 경계하는 것은 좋지만 일반인이 시제 측정기만으로 정밀하게 방사선을 측정하는 건 힘든 일입니다. 몸무게처럼 쉽게 측정이 가능하다면 저와 같은 방사선 전문가도 거의 필요치 않았을 것입니다. 함부로 말해 놓고 나서, 사람

들을 혼란에 빠트리고 나서,

"아니면 그만이고, 쳇"

하는 식의 수많은 대중을 보았습니다. 방사선 분야는 함부로 말하는 것은 위험합니다. 그래서, 발언에는 좀 더 신중해야 하며 책임이 필요한 곳입니다.

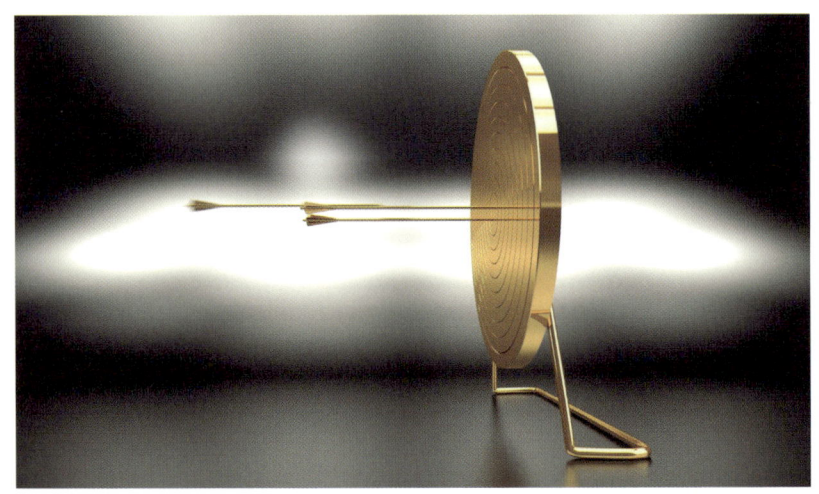

그림 50. 참값은 수많은 검증 노력의 결과입니다.

검·교정이 필요한 선량 측정 장비

방사선은 종류 및 선량에 따라 장비를 달리 사용해야 합니다. 또한 특수한 장비이므로 6개월에 1회 이상 특수기관에서 조정하지 않았다면 그 값은 함부로 믿을 수가 없습니다. **결국 비전문가가 측정한 값은 불필요한 혼란과 불안감을 조성하는 경우가 다반사입니다.** 우리 모두의 역할은 방사능이 인체에 미치는 영향을 충분히 경계하고 제대로 된 기준과 절차, 정보에 따라 관리해 나가야 한다는 것입니다. 그래서 방사능의 안전 관리가 더욱 꼼꼼하고 철저하게 이루어져 많은 사람이 전문가의 정보와 의견을 신뢰할 수 있도록 해야 할 것입니다.

Chapter 5

방사선 사고가 만든 방사선 공포

공포는 경험에서 옵니다

 전쟁을 경험한 인류는 전쟁을 무서워합니다. 코로나19가 전 세계를 강타했습니다. 수많은 사람이 눈에 보이지도 않는 바이러스 때문에 죽었습니다. 전 세계가 잘 보이지도 않는 병 때문에 마스크를 쓰기 시작했고 손 씻기를 열심히 합니다. 방사선 사고가 여러 번 있었습니다. 사람들은 방사선을 무서워하기 시작했습니다.

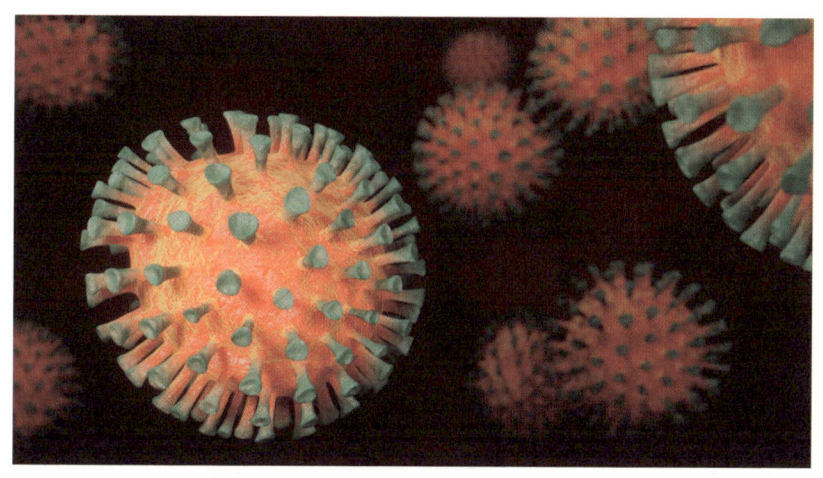

그림 51. 코로나19 바이러스. 2019년 12월부터 2020년, 2021년까지
여전히 전 세계가 코로나바이러스로부터 자유롭지 못합니다.
한번 시작된 공포는 역사에 남아 지속적으로 유지됩니다.
앞으로도 바이러스에 대한 공포는 지속될 것으로 생각합니다.

후쿠시마 원전 사고 이후

 2011년 3월 11일 일본 도호쿠 지방에서 진도 7, 규모 9.0의 지진과 지진 해일이 발생하며 후쿠시마 제1원자력발전소 원자로 1-4호기 방사능 누출 사고가 있었습니다. 국제원자력 사고 등급(INES)의 최고 등급인 7단계의 심각한 사고입니다. 당시 지진으로 1만 8000명이 사망하였으며, 하루아침에 한 마을이 지도에서 증발합니다. 10년이 지난 지금도 사고 지역은 여전히 주민들이 살 수 없습니다. 이곳을 정상 상태로 복귀하려면 40년이 걸릴 수 있다고 발표하였습니다.

그림 52. 후쿠시마 원전사고 그림.

원자력발전소에 대한 시민들의 불안감

　이 사고 이후 덩달아 한국의 원자력발전소는 도마 위에 오르게 됩니다. 여러 시민 단체에서는 마치 원자력발전소가 시한폭탄인 것처럼 나쁜 점을 부각시키기만 합니다. 물론 위험을 경고하는 것은 좋은 일입니다. 하지만, 위에 말한 잘못된 측정 방법이나 객관적이지 못한 색안경의 잣대를 들이대며 이런 식의 경고를 근거 없이 한다면 사회는 혼란에 빠집니다. 현상과 과학은 '의도된 주장'과는 별도로 구분해야 합니다.

사실을 볼 수 있는 중요한 관점, 다면 평가

　사람들은 자신이 누리는 싸고, 유용하고, 편리한 장점은 쉽게 잊습니다. 당장 원자력발전소가 없어진다면 당신에게 남은 것은….

　엄청나게 올라 버린 전기세와 전 지구의 막대한 탄소 증가 문제일 것입니다.

　원자력발전소가 없는 유럽 국가에서는 전력 사용 제한 때문에 종종 이런 일이 발생합니다.

　"오 마이 갓! 전력이 부족해서 세탁기가 돌다가 멈춰 섰어."

　"어떻게 그런 일도 있대?"

　"우리는 다른 나라 원자력발전소에서 제공하는 전기를 사서 쓰거든. 그래서 집마다 전체 전력이 제한이 있어…. 세탁기 돌리면 식기세척기 멈추는 일이 종종 있지."

방사선은 이 세상 모든 곳에

원전 사고 이후 우리는 일본으로 여행을 간다고 하면,

"일본? 거기 방사능 있는 곳 아냐?"

라는 말을 종종 듣습니다. 사실 이 말은 객관적 사실상 다음과 같이 바꿔 볼 수 있습니다.

"지구상 모든 곳에 방사선이 있는데, 최근 일본에서 원전이 터져서 방사능이 이슈가 있는 동네가 일부 생겼지."

방사선 제로인 환경은 없지만, 사람들은 마치 자신이 살고 있는 곳에 방사능이 하나도 없는 것처럼 말을 합니다.

공포

인류의 가장 근본이 되는 감정은 공포입니다.
미지의 것에 대한 공포는 감히 그 끝이 없습니다.

그림 53. 인류의 근원 감정인 공포.

방사선 마크

그림 54. 방사선 마크.

방사선 마크는 경고를 나타내는 노란색과 까만 테두리를 이용합니다. 중심의 원을 둘러싼 세 개의 날개는 경고를 넘어 위협의 표지가 되었습니다. 가까이 가기조차 싫을 정도로 두려움을 자아냅니다. 물론 방사능 경계심은 반드시 필요하며 두려움을 통해 안전장치를 확보할 수 있습니다. 그러나, 걱정과 불안을 넘어 공포를 품는다면 이성적인 기능이 마비될 수 있습니다. 사람들은 이 마크 속에서 막연한 공포를 보는 것 같습니다.

공포를 넘어서는 강박증

강박증이란 본인이 원하지 않는데도 마음속에 어떠한 생각이나 장면 혹은 충동이 반복적으로 떠올라 불안하고, 불안을 없애기 위해 일정한 행동을 하는 질환을 말합니다. 후쿠시마 사태 이후 우리나라 사람 중 일부는 방사선에 대한 강박증 수준의 두려움을 나타내는 경우를 보았습니다.

수산물을 먹을 때, 엑스선을 찍을 때도, 방사선 치료를 받을 때도, 일본 등으로 여행을 갈 때도 방사선 피폭의 두려움에 휩싸입니다. 그러므로 어느 곳에, 어느 물질에, 어느 순간에 얼마만큼의 방사능 위험이 있는지 확인하는 것에 좀 더 관심을 가지게 되었습니다.

뒤에서 자세히 다루겠지만 실제로 많은 전문가가 곳곳의 방사능 수치를 정확하고 빠르게 알리기 위한 노력을 계속하고 있습니다. 하지만 이에 못지않게 중요한 것은 두려움이 그 원인입니다. 우리가 왜 방사선을 공포라는 단어를 써 가며 두려워해야 하는지, 불필요한 공포라면 낮추는 것은 어떨까요?

불필요한 공포를 낮추기 위해서는 먼저, 공포를 주는 존재에 대해 알아야 합니다.

"당신이 불안하다면? 아마 그 대상을 잘 알지 못하고, 통제할 수 없어서 그런 걸 겁니다."

이제 방사선에 대해 객관적으로 바라보는 연습을 해 볼 시간입니다.

그림 55. 지식의 확장. 인류는 미지의 존재를 발견하고 관찰하고 통제함으로써 다양한 불안과 공포에서 해방되었습니다. 도서관의 수많은 책과 지식은 현재 인류를 공포로부터 해방시켜 일상을 영위할 수 있게 하였습니다.

방사선에 대한 오해

사람들이 방사선에 두려움을 갖는 첫 번째 이유는 방사선을 제대로 알지 못하고 오해하고 있기 때문입니다. 현대 사회에서 크게 오해를 사고 원래보다 미움을 받고 있는 분야가 '방사선' 분야이지 않을까 합니다. 적지 않은 사람들이 방사선은 원자력과 함께 최근에 개발된 새롭고 강력한 에너지라고 생각하는 것 같습니다. 또한 원전 사고에 따라 방출되는 방사선도 많은 오해를 받습니다. 사실 자연에서 나오는 방사능보다 더 무서운 것은 흡연자가 피우는 담배에서 나오는 방사선이지만 사람들은 담배에 대해서는 별로 생각을 하지 않는 것 같습니다.

기초 상식이 부재하여 발생한 오해

그뿐만이 아닙니다. 일부 기사나 환경 감시자들의 웹사이트에서 개인 장비로 방사선량을 측정해 "노원구 월계동 방사능 수치 충격! 시간당 384nSv 검출!" 같은 글을 종종 볼 수 있습니다. 이에 사람들은 '방사선이 나오는 곳은 무섭다' 같은 반응을 보입니다. 상당수가 자연방사선에 관한 인식이 없다는 것이죠. 즉, 0이 아니면 위험하다고 생각하는 것입니다. 하지만 앞에서 보았듯 우리나라에서는 연간 평균적으로 2.8mSv 정도의 방사선을 자연적으로 받습니다. 그러므로 시간당 150~400nSv(나노시버트, 1nSv는 1,000,000분의 1mSv)의 방사선을 받는 것 역시 자연스럽습니다. 방사선은 무조건 나쁘며 0이 아니면 위험하다는 잘못된 생각이 오해를 불러일으키는 원인이 됩니다.

1nSv=0.000001mSv

모른다고, 무서운 것처럼 숫자가 많아 보이게 말해도, 똑똑히 잘 알아들어야 합니다. 1시간과 60분은 같은 단위이지만, 꼬맹이는 60분이 더 긴 시간이라고 말할지도 모릅니다. 1보다 60이 크니까요!

잘 알아야 하는 이유는 여기서 나옵니다.

그림 56. 감마 카운터. 자연방사선은 어디에나 있습니다. 방사선 측정은 검·교정을 받은 기기를 통해 계측해야 합니다. 참값을 계측하기 위한 노력은 과학적이어야 합니다. 일반인이 부정확한 계측값으로 공포를 조장하는 일이 줄어들기를 바랍니다.

자연방사선이 인공방사선보다 더 좋아 보이나요?

또 다른 측면으로는 인공방사선에 관한 우려가 있습니다. 자연방사선의 존재를 알고 있더라도 인공방사선은 뭔가 더 위험할 것 같기 때문이죠. 중요한 것은 이 역시 방사선을 제대로 알고 있다면 방사선이 탄생된 방식이 아닌 방사선량 자체인 것을 유의할 텐데 말입니다. 이렇게 말한다면 자연 발생한 아이가 인공수정한 아이보다 좋은가요? 하는 질문과 뭐가 다를까요? 발생한 방사선은 방사선의 위험이란 그 수치와 성격으로 결정되는 것이지 자연산이냐 인공이냐가 가름하지는 않습니다.

자연방사선은 계속해서 자연적으로 나오는 방사선이고, 인공방사선은 필요할 때만 나오는 방사선이므로 전기가 없으면 대부분 나오지 않습니다.

연간 선량 한도를 만들 때 고려하는 것들

또한 일반인 및 임신부 개인의 인공방사선 피폭 연간 선량 한도가 1mSv라는 것이 언론 매체를 통해 많이 알려지면서 이 자체에 두려움이 생겼습니다. 1mSv가 넘으면 곧바로 위험해질까 하는 두려움이죠. 규제에서의 수치는 확률론에 기반하여 특정 값을 가정하게 됩니다. ICRP(국제방사선방어위원회)에서는 방사선 직업 피폭과 일반인 피폭 등을 과학적인 근거를 통해 기준을 권고하는 비영리 기구입니다. 전 세계에서는 이 문서에 기반하여 각 국가에 맞는 형식의 방사선 방호 기준을 갖고 있습니다. 그 내용을 살펴보면, 태어났을 때부터 일생 동안 방사선을 받을 경우 연당 10,000분의 1의 확률로 용인할 수 없는 위험 수준이 발생할 경우로 가정합니다.

뒤에서 다시 말하겠지만 연간 선량 한도 1mSv는 안전과 위험의 경계선이 아닌 확률론에 기반한 임의적인 관리 규정일 뿐입니다. 나라마다 선량 한도 값이 다르기도 하고요. 따지고 보면 자연적으로 연간 3mSv에 가까운 방사선을 받는데 1mSv의 차이가 위험으로 직결된다는 것은 아닙니다.

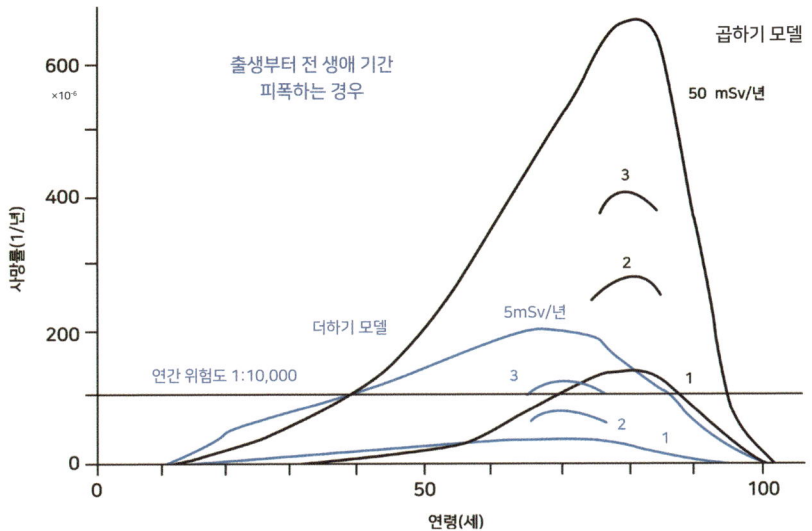

그림 57. 일반인 선량 한도 설정을 위한 피폭선량 위험도 비교. 일반인의 경우, 피폭의 기간을 0세부터 일생으로 확장하고, 용인할 수 없는 위험 수준으로 10^{-4}/년으로 하였습니다. 이렇게 설정한 일반인 선량 한도는 연간 1mSv입니다.[2]

---

2 Atomic Wiki, '선량한도 설정 방법', 2018년 9월 1일(검색: 2021년 6월 24일)

오감으로 측정이 불가하여 발생한 두려움

　방사선은 무색, 무음, 무취, 무미로 인간이 가진 오감하에서는 감별할 수 없습니다. 미래에는 방사선을 감지하는 인류가 발생할 수도 있겠지만, 먼 미래 우주여행이 쉬워지는 시대가 되면, 어쩌면 방사선에 강한 인류만이 살아남을지도 모릅니다. 오감에서 파악할 수 없다면 방사선은 유령과도 같은 존재입니다. 쉽게 통제할 수 없기 때문에 더 조심해야 하는 것은 당연한 반응입니다. 우리나라는 교통사고는 차량이 많은 출퇴근 시간대에 한 시간에 200건도 넘게 발생합니다. 그런데, 사람들은 자동차를 보는 것만으로 두려워하지는 않습니다. 위험의 실체가 분명히 눈앞에 존재하기 때문입니다. 이와 다르게 보이지 않는 방사선이 아무도 모르게 자신을 죄어 온다고 생각하면 두려움을 느끼는 것은 당연합니다.

방사선 오염을 확인하기가 쉽지 않습니다

 방사선 오염 여파 역시 가늠하기 힘듭니다. 기계가 아닌 이상 방사능 수치 위험 지역과 그렇지 않은 곳을 구별할 수 없기 때문이죠. 그렇다고 방사선량을 측정하는 장비를 사서 들고 다닐 수도 없는 노릇입니다. 결국 전문가의 정보를 믿고 따르는 방법밖에는 없습니다.

그림 58. 자동차. 수많은 자동차를 보지만 사람들은 차를 보고 무서워하지 않습니다.

방사선의 인체 영향력 평가는 아직도 불명확합니다

　방사선으로 인한 피해의 영향력을 예측하기는 매우 힘듭니다. 즉, 언제부터 위험하고 치명적인지 분명히 알 수 없다는 것입니다. 수많은 과학적, 의학적 연구가 진행되어 왔지만 방사선의 인체 영향은 곧바로 나타나지도 않을뿐더러 모든 과학자가 수긍할 만큼의 확실하고 분명한 내용은 찾기 어렵습니다. 짧은 시간 높은 방사선량에 노출되면 상당히 해롭다는 것은 많은 사람이 동의합니다. 하지만 오랜 기간 저선량의 방사선에 노출되면 그것이 과연 위험할까요? 위험하지 않을까요? 언제나 논란이 많습니다. 이러한 것들은 실험적으로나 관찰로서 증명해 내기가 참 어렵습니다.

그림 59. 안전을 위한 체크리스트.

1mSv는 과학이 아닙니다

　개인의 선량 한도 1mSv는 제한치가 아닌 과학이 밝히지 못한 어떠한 영향의 가능성까지 대비한 굉장히 낮은 영역에서 **정한 수치**입니다. 실제로 100mSv 정도까지는 노출돼도 신체적 위험이 거의 없습니다. 그렇다고 90mSv는 안전하고 110mSv는 위험하다고 판단할 수는 없습니다. 연구 결과상으로 안전하다 하더라도 신중하고 조심스럽게 접근해야 하는 영역입니다. 이렇게 위험의 역치를 알 수 없고 피해가 즉시 나타나는 것이 아닌 천천히 확률적으로 나타난다는 성질이 방사선을 두려워하는 이유가 됩니다.

원자 폭탄이 남겨 준 방사선 공포

 제2차 세계대전 1945년 8월 6일 미국인 일본의 히로시마 한복판에 원자 폭탄을 투여하고 1.2km 범위에 있는 사람들 절반이 즉사했습니다. 인구 14만 명 이상이 사망하였고, 일본은 항복을 하지 않아 3일 후 나가사키에 다시 한번 원자 폭탄을 발사했습니다. 나가사키 인구 7만 명이 즉사했고, 이후 피폭자들은 일본 전역에 수십만 명이 되었습니다.

그림 60. 원자 폭탄의 버섯구름.

방사선 피폭에 의한 부작용 공포

방사선 피폭을 당하면 방사선에 오염이 될 수 있고, 심하면 사망에 이르는 공포스러운 일도 있습니다. 원전 사고, 원자 폭탄, 핵 실험 등이 발생해 순간적으로 상당한 양의 방사선에 노출된 사람들에게 나타나는 피해 내용은 여러 경로를 통해 심심치 않게 우리에게 전해집니다. 궤양이 생기거나, 신체 부위를 절단하거나, 심각한 경우엔 전신에 화상을 입고 사망하기도 합니다. 또한 그 부작용이 유전자를 손상시켜 후대에까지 영향을 끼칠 수 있다는 것도 무서운 점입니다. 영화나 만화에서도 헐크처럼 많은 양의 감마선 등에 노출된 후 돌연변이가 일어나기도 하죠.

방사선은 재앙이라는 인식을 심어 준 사고

 2011년 발생한 일본 후쿠시마 원전 사고는 우리나라에까지 원자력과 방사능에 대한 두려움을 깊게 심어 주었습니다. 리히터 규모 9.0이 넘는 대지진으로 발생한 이 사고는 일본에서도 유례없는 대재앙이었습니다. 방사선오염물질이 대기와 바다로 누출되고 주변 나라까지 영향을 줄 것이라는 걱정이 쏟아졌습니다. 우리는 지금도 일본 수산물을 기피하는 경향이 높으며 실제 일본 내에서도 원산지 표기를 하여 수요가 많지는 않습니다. 이 사고 이후 원자력과 방사능 위험에 관한 기사가 물밀듯 쏟아져 나왔고, 국민의 불안감은 더욱 고조됐습니다. 이 같은 사고로 '방사능은 재앙이다'라는 인식이 퍼지게 되었습니다.

 그런데 적은 양의 방사선 피폭으로 인한 피해보다는 두려움으로 인해 발생하는 스트레스가 우리에게는 더 큰 위험일 수도 있습니다.

대재앙의 결과

많은 양의 방사선 피폭은 물론 매우 위험합니다. 일본에서 원자 폭탄 폭발로 아주 짧은 시간에 5,000mSv 이상의 방사선을 받은 사람 중 20%가 백혈병에 걸렸다는 얘기도 있죠. 여기에 기형아 등의 자극적인 소식이 집중적으로 전해지면서 공포는 걷잡을 수 없이 커졌습니다. 기준치의 수천, 수만 배의 방사선을 받을 일은 일반적으로 없습니다만, 자연재해나 사고 등으로 피폭된 사람들의 아픔은 사라지지 않았습니다.

그림 61. 원자 폭탄 피폭 이후 방사선과 관련된 공포가 만연.

양날의 칼

　방사선은 분명 과하면 위험할 수 있어서 조금이라도 방사선 위험이 있는 시설이나 기기는 엄격히 관리해야 하는 것이 사실입니다. 하지만 방사선은 오로지 공포의 대상만은 아닙니다.

　물은 생명에 꼭 필요하지만, 매번 홍수로 혹은 수영장에서 익사를 하는 사고를 접합니다. 칼은 요리에 꼭 필요하지만, 흉기가 되어 끔찍한 사건 사고의 도구가 되기도 합니다. 약은 아프지 말라고 주었는데, 오남용한 환자들이 병원에 실려 옵니다. 꼼꼼한 사람은 좋지만 지나치게 꼼꼼하면 강박증이라는 병이 됩니다. 사실 정상과 비정상의 경계는 아슬아슬하지만, 안전과 불안의 경계는 꽤 명쾌합니다.

그림 62. 양면성. 세상에 존재하는 많은 물질은 양면성을 가집니다. 누가 어떻게 활용하느냐에 따라 좋은 사용과 나쁜 사용이 있을 뿐입니다.

방사선을 알아야 방사선이 두렵지 않아요

그리고 인간을 위해 방사선을 사용하지만 좋지 않은 영향을 주기도 합니다. 폭풍 속에서 현명한 이는 위험으로부터 안전하기 위해 기도하는 게 아니라 두려움으로부터 안전하기 위해 기도한다고 했습니다. 즉, 방사선으로부터 안전하기 위한 방법은 이를 두려워하는 것이 아닌 방사선을 알고 있는 것입니다. 더불어 두려움의 원인을 해소하는 방법 역시 방사선의 본질을 이해하는 것입니다.

같은 사고를 바라보는 다른 시각

　후쿠시마 원전 사고 이후 일본 국민은 물론이고 우리나라 국민도 관련 위험성에 굉장히 민감해졌습니다. 사고 후에 방사능 오염을 두고 불안감이 커져 가고 있었지만, 우리 정부는 여전히 문제가 없다는 태도를 보였습니다. 이 같은 상반된 견해 때문에 국민과 정부 사이에는 괴리가 생겼습니다. 대표적인 국민의 지적과 정부가 내세운 전문가의 근거를 살펴보겠습니다.

　당시 일본의 방사능 오염 해수가 우리나라 연안까지 오염시킬지도 모른다는 불안감이 굉장히 컸습니다. 이에 한국해양연구원 기후연안재해연구부장은 후쿠시마 남쪽에 도달하는 구로시오 해류는 열도의 우측으로 진행해 캘리포니아를 향해 시계 방향으로 흐르므로 영향이 거의 없다고 말했습니다. 즉, 유속이 초속 1m에 불과한 해류가 다시 한국 연안으로 도착하려면 2~3년은 걸리기 때문에 위험물질은 거의 도달하지 못한다는 것입니다. 방사능비에 관해서도 서울대 원자핵공학과 서균렬 교수는 방사성물질이 피부를 통해 인체에 침투할 가능성도 없고, 비를 그대로 다 맞는다고 해도 전혀 문제가 없는 수준이라고 말했습니다. 1,000km 이상 떨어진 일본에서 지상풍을 타고 온 것이 아니라 대기의 상층부로 바람을 타고 올라가 대기를 떠돌다 빗물에 미량이 섞인 것이기 때문입니다.

그림 63. 방사능 오염수 이동 경로. 쿠로시오 해류와 북태평양 해류의 방향입니다.

방사성 요오드와 방사성 세슘이 날아왔다고요?

또한 후쿠시마에서 날아온 것으로 추정되는 방사성물질이 국내에서 검출됐던 것은 각종 매체를 통해 전해져 불안감을 한층 더 가중시켰습니다. 하지만 검출할 수 있는 수준의 방사성물질이 발견된 것은 사실이지만 그 양은 극히 적어 의미 있는 영향은 없었습니다. 전문가들은 그 수치를 측정해 공개했고, 대한의사협회는 지나치게 우려할 필요가 없다는 대국민 권고문을 발표했습니다. 우리나라에서 검출된 방사성 요오드의 경우 연간 선량 한도인 1mSv의 약 20만 분의 1에서 3만 분의 1 수준으로 인체에는 무해하다는 것입니다. 또 방사성 세슘은 8만 분의 1 수준이기에 늘 존재하는 자연방사선보다 매우 낮은 값이라는 것입니다. 심지어 측정된 방사선량은 맑은 날 등산할 때 받는 방사선량보다 적었습니다. 1+0.0001의 값이면 1이라 표기할 때가 더 많습니다. 0.0001 더 붙은 낮은 값은 무시됩니다. 산수에서조차 인정되는 값의 표기가 일상에서는 논란이 된 사건입니다.

정부의 미온적 수입 규제 태도로 국민 정서 격앙

이처럼 정부와 학계는 과학적, 의학적 근거를 바탕으로 지나친 불안감에서 안심시키려 했지만, 국민의 방사능 오염 걱정은 줄어들지 않고 있었습니다. 사고가 일어나고 얼마 지나지 않아 일본의 대표적인 반 히데유키(伴英幸) 반핵환경단체 대표가 "한국도 안전하다고 단언할 수 없다"라고 말한 것이 화근이 돼 불안감을 고조시키기도 했죠.

정부가 내세운 근거가 설득력을 잃은 이유에는 우리 정부의 허술한 대응도 있었습니다. 일본이 많은 방사능물질을 바다로 유출했지만 우리 정부에는 따로 통보하지 않고 언론을 통해 사실이 전달됐기 때문입니다. 또한 일본산 수산물 규제 등에서도 갈팡질팡하는 모습을 보였습니다. 인접국인 중국과 러시아, 인도 등은 곧바로 일본산 수산물 수입을 규제했지만, 우리나라는 2년이 지난 2013년에야 수산물 수입을 금지 조치하고 방사능 검역 기준도 강화했습니다. 이렇듯 정부의 허술한 대응과 무조건적인 안전 주장은 오히려 많은 국민의 불신을 낳았습니다.

그림 64. '너나 많이 드세요' 등 악플이 만연.
정부가 일본 방사능 수산물 수입규제에 늦장 대응을 하자
국민 정서는 상당히 격앙되었습니다.

덮어놓고 불신하는 시대에서 탈피하려면

현재 우리나라는 서로가 서로를 믿기 힘든 사회가 된 것 같습니다. 하지만 방사선에 관해서 만큼은 국민과 정부, 전문가가 같은 방향을 바라보며 신뢰를 가져야 하는 부분입니다. 국민의 방사선 공포를 없애기 위해서는 원전 사고, 핵 실험 등으로 방출되는 방사선의 양을 정부 차원에서 정확히 측정해 국민에게 알리고 신뢰할 만한 대처 원리를 마련해야 합니다. 그리고 정부 스스로 판단해 계몽한다기보다는 어느 정도의 방사성물질이 국내에 들어왔고, 어떤 위험이 있으며, 피해를 줄이기 위한 어떤 대책이 있는지 알려 주는 것이 필요합니다. 즉, 국민도 스스로 판단할 수 있는 기준과 잣대를 마련해 주는 것이죠. 이를 위해서는 정부와 전문가는 믿을 수 있는 정확한 값을 주기적으로 제공하고 어느 정도의 방사선이, 건강에 어떻게 위협을 주는지를 정확히 파악해 건전한 국민적 방사선 상식을 만들어야 합니다.

전문가들도 정확한 정보를 국민에게 제공해야겠죠?

그림 65. 진리와 진실의 대면. 정확한 정보를 기반으로 스스로 옳은 판단을 하는 능력을 키워야 합니다.

배워야 산다

앞으로는 방사선이라고 두려움에 떨지 않고 정부와 전문가의 의견을 신뢰해 스스로 판단하고 대처하는 사회 분위기 조성이 무엇보다 중요한 것 같습니다. 정부는 원자력과 방사능 안전을 정치, 외교적으로만 대응하는 것이 아닌 생명과 건강을 우선시하는 사명감을 보여 주는 것이 필요합니다. 그에 따라 통합적인 핵심 기구를 통해 여러 부처와 기관의 목소리를 하나로 모으고 정보와 정책을 널리 공개하는 개방적인 자세가 뿌리내리기를 기원합니다. 그동안 근거를 넘어서는 불신으로 인해 방사선을 많이 오해했습니다. 국민과 정부가 생명과 안전을 지켜 내는 상호 간의 역할을 체감할 수 있게 되기를 기대합니다.

방사선 사고의 면밀한 연구

　방사선 이용은 안전이 최우선입니다. 그렇지만 역사적으로 국내외에서 안타까운 방사선 관련 사고가 있었습니다. 방사선 기술의 눈부신 발전 뒤에는 불의의 사고로 남모르는 아픔이 있었던 것이죠. 이러한 아픔이 단순한 사고로 그친다면 그저 유감만 남을 뿐입니다. 우리가 역사를 배우듯 과거의 방사선 사고는 현재와 미래의 안전을 만드는 역할을 할 수 있습니다. 그러므로 이를 오늘날의 스승으로 삼아 방사선의 안전을 이해하고 개선하기 위해서는 안타까웠던 사고를 유심히 살펴보는 것이 중요합니다.

그림 66. 사고 이후. 사건 사고 이후에 원인과 대응 방안을 면밀히 검토하고 재발하지 않도록 최선을 다해야 합니다.

일반인이 다루어서는 안 되는 방사선

　이들 사고에서 시사하는 점은 원전 같은 대형 원자력 시설이 아니더라도 많은 사람에게 위험을 초래할 수 있다는 것입니다. 이는 방사선의 가장 무서운 점인 오감으로는 느낄 수 없다는 점 때문이죠. 방사성 물질을 잘 알지 못하는 일반인들에게는 소규모의 방사선원만으로도 치명적일 수 있습니다. 특히 어린이나 임신부 등은 더욱 큰 불안에 빠질 수밖에 없으며 이런 점에서 방사선 사고는 무척 두렵고 특별한 영향을 만들어 내게 됩니다.

사고를 분석하여 미래를 개선합니다

그렇기 때문에 역사적인 사고를 분석하며 교훈을 얻어 개선하고 예방하는 것이 중요합니다. 방사선 사고는 자연적으로 일어나는 것이 아닙니다. 사고마다 반드시 원인이 있으며, 그중 60% 이상은 부주의와 무지로 발생된 인재입니다. 즉, 이 같은 사고의 원인을 분석해 보면 우리가 어떤 점을 신경 써야 하는지 알 수 있습니다.

그림 67. 경각심. 모든 사고는 반복된 부주의와 무지에서 일어납니다. 긴장하고 끊임없이 관리해야만 사고는 발생하지 않습니다.

방사성물질의 취급과 안전관리의 중요성

무엇보다 방사성 동위원소나 관련 장치를 취급하는 전문가의 주의가 필요합니다. 방사성물질은 차폐 용기에 보관해 일반 사람들이 다가갈 수 없도록 관리해야 하며 수시로 점검, 보고하고 상태를 확인해 혹시 모를 위험에 대비해야 합니다. 브라질 고이아니아 사태도 방사선 장비를 이전한 **병원의 옛 건물에 방치**한 것이 재앙의 시작이었죠. 방사선 사고의 무서움을 누구보다 잘 아는 전문가이기에 그만큼 확실하고 철저한 방사성물질의 취급과 안전 관리가 중요합니다.

그림 68. 방치. 관리되지 않는 곳은 위험해집니다.

그림 69. 폐허. 방사선 의료기기와 같은 중대한 장비의 관리는 설치부터 철거까지 방사선 안전 관리자의 책임하에 끝까지 이루어져야 합니다.

안전불감증에 빠진 사람들

　이 세상에서 가장 두려워해야 할 것은 마음가짐입니다. 안전불감증 상태가 되면 가장 무서운 사람은 자기 자신입니다. 테러 등의 고의가 아닌 이상 방사선 사고가 일어날 확률 자체는 매우 낮습니다. 그러나 같은 실험, 같은 작업을 반복하다 보면 안전불감증에 빠지기 쉽습니다. 방사선의 특성상 어느 정도부터 위험한지 분명히 알 수 없다는 점이 이를 가중시킵니다. 그래서 더욱 철저하고 일관되게 대처해야 하는 것입니다. '이 정도는 괜찮겠지'라는 생각으로 점검 하나, 절차 하나를 빠뜨리는 것은 돌이킬 수 없는 결과를 낳을지도 모릅니다. 항상 위험 가능성을 염두에 두고 주의하는 자세가 필요합니다.

방사선의 기초 지식을 가져야 합니다

　최소한 기본적인 안전상식은 있어야 합니다. 전기, 화재, 인명구조에 관한 기본 상식을 학교에서도 배우는 현실이 된 만큼, 방사선에 대한 기본 안전 지식을 아는 것은 중요합니다. 사고가 난 사람들이 흔하게 언급하는 말입니다.

　"몰라서 그랬어요."

　"방심하고 절차를 지키지 않았어요."

　방사선은 비가역적입니다. 과피폭의 사고가 일어나면 돌이킬 수 없는 일들이 체인처럼 연달아 일어납니다.

　"안타깝군요. 하지만, 이제 과거로 돌아갈 수 없습니다."

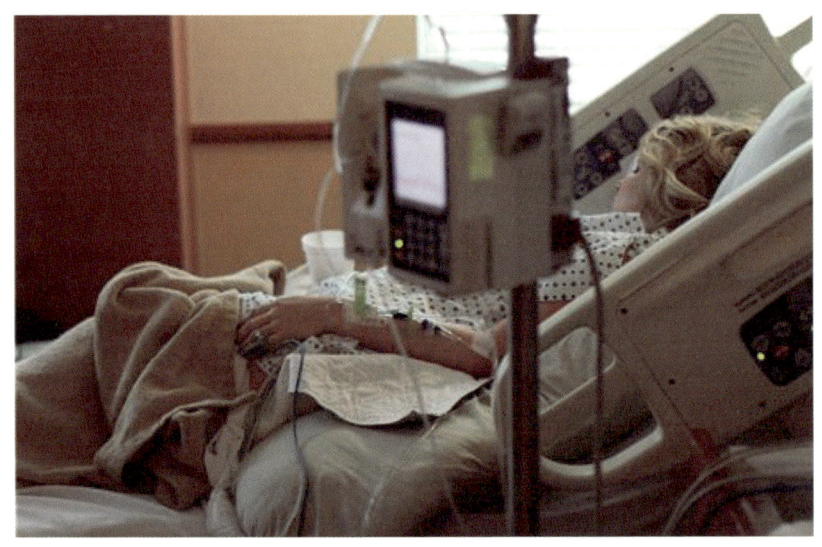

그림 70. 돌이킬 수 없는 사고의 대다수는 막을 수 있었을지도 모릅니다.

모두가 기초 지식을 갖는다면 더욱 안전한 세상이 됩니다

소개한 사고뿐만 아니라 방사성물질을 주머니에 넣었다가 심각하게 피폭된 사례도 적지 않습니다. 그러므로 방사선이 무엇이며, 인체에 어떤 영향을 미치는지 등 모든 국민이 방사선 지식을 갖추는 것이 무엇보다 중요합니다. 이를 제대로 알고 있었다면, 방사성물질을 함부로 다루거나 장비를 맨손으로 만지는 일 같은 위험한 일은 없었을 것입니다.

사소함이 모여 큰 것을 이룹니다

　더욱이 방사선 안전, 원자력 안전 관련 규칙을 준수하고 올바른 준비와 절차를 밟는 것이 너무나 당연한 일로, 꼭 지켜야 할 것입니다. 방사선의 위험에서 안전을 지키기 위해 국내외에, 근로 환경에, 장비 사용에 관련한 다양한 법과 규정이 있습니다. 그리고 방사선 사고의 대부분은 한두 개 이상의 관련 규정을 위반했기에 발생하곤 합니다. 크게는「원자력안전법」, 안전관리규정 등 법적 절차를 따라야 하며, 작게는 방사선 선량계 및 안전 장구 착용, 작업 관리 감독 배치 등 사전 절차와 작업 규칙을 꼭 지켜야 합니다. 이들이 곧 '나'를 그리고 '사회'를 지키는 안전벨트이기 때문입니다.

　노자 『도덕경』에 '필작어세(必作於細)'란 말이 있습니다. 세상의 큰일은 사소한 변화로부터 시작된다는 말이죠. 사소하고 작은 노력 하나에서 안전과 위험의 차이가 시작되는 것인지도 모릅니다. 사소한 것까지 잘해야 명품이 되고 명작이 나오고 위대한 연구결과가 나옵니다. 어쩌다 한 방을 노리는 이 시대에서, 그 한 방을 만드는 것이 운이 아닌 실력이 되기 위해서는 매일같이 갈고닦는 노력이 필요합니다. 안전도 마찬가지입니다.

그림 71. 안전은 저축처럼 쌓는 것입니다.

그림 72. 촛불. 해가 뜨기 직전이 가장 어둡습니다. 과거 역사가 반복했던 사고를 막기 위해서는 세상 모든 사람이 기본을 지키며 자신의 역할에 최선을 다해야 합니다.

역사적 반복

　방사선의 발견과 함께 이면에 존재해 왔던 방사선 사고를 알아본 것은 이것이 결코 과거의 지나간 사건으로만 남지 않기 때문입니다. 역사는 반복되어 왔고 방사선 사고도 반복되었습니다. 그 반복의 고리를 끊을 수 있는 사람은 바로 노력하는 사람에 의해서입니다. 귀찮고, 피곤하고, 괜찮을 것 같은 일이 보이면, 그것이 사고로 이어집니다. 지나간 아픔을 가르침 삼아 잊지 말고 미래를 밝혀 봅시다.

Chapter 6

객관적으로 바라본 방사선

무턱대고 두려워하는 이유는?

아무것도 모르고 무방비로 당해야 한다면, 방사선은 두려운 존재가 맞습니다. 하지만, 예방법을 안다면 어떨까요? 코로나19가 전 세계를 강타할 때 우리는 바이러스 공포에 짓눌렸습니다. 하지만, 백신이 개발되고 주사를 맞고 치료제가 개발되는 소식이 들려오자 사람들에게는 희망이 생겼습니다.

두려움이란 존재 자체의 속성에서 오는 것이 있으므로, 우리가 방사선에 대한 두려움을 완전히 없앨 수는 없습니다. 또한 그래서도 안 됩니다. 적당한 두려움을 가지며 주의를 해야 합니다. 하지만 방사선은 물, 불, 전기처럼 우리에게 꼭 필요한 존재이기 때문에 주의 사항을 숙지하고 잘 사용하면 큰 쓸모가 있습니다.

방사선 분야를 직업으로 하는 사람들은 어떻게 피해로부터 벗어날까요?

방사선이 항상 나오는 곳에서 글을 쓰고 있는 사람들이 있습니다. 바로 지금 책을 쓰고 있는 저자인 우리들입니다! 병원에서 근무하는 사람 중 핵의학과, 방사선종양학과, 영상의학과, 인터벤션을 통해 시술하는 임상과와 같은 분야의 전문가들이 있습니다. 비파괴 분야로는 선박, 교각, 지반 검사 등 거대 구조물의 완전성을 평가하는 검사업체에 종사하는 분들이 있습니다. 회사, 연구소, 학교는 방사선 촬영 장비, 육종 개량, 방사성 동위원소 취급 장비를 이용하는 부서에서 생산 및 연구 목적으로 일하시는 전문가들을 말합니다. 또한, 본인이 방사선 분야라고 인지하기 어려울 만큼 미량의 방사성물질을 표지하여 쓰는 화재 감지기나 형광바이오물질을 사용하는 분들도 많습니다. 하지만, 대부분은 매우 미량 함유되어 안전 기준 이하로 관리 대상이 아닌 물질인 경우도 있습니다.

방사선이 나오는 곳에서 삽니다만 왜 괜찮을까요?

　많은 사람이 방사선이 나온다고 하면 두려워하는데 저와 같은 사람들이 건강에 이상 없이 안전하다는 것이 이상하지 않나요? 방사선이 나오는 환경에서 근무하면서도 안전할 수 있는 이유는 바로 불필요한 방사선을 막을 수 있는 길이 있기 때문입니다. 자 이제, 우리가 적당한 근심만을 가지면서 희망을 가져야 하는 이유를 설명드리겠습니다. 방사선은 피할 수 있는 방법이 있습니다.

외부 피폭을 막아라!
차폐, 방패의 역할

 외부에서 날아오는 방사선은 이를 피하기 위한 3가지 골든 규칙이 있습니다. 첫째, 차폐를 이용하는 것입니다. 차폐란 방사선을 막기 위한 방패로서, 앞에서 설명한 것과 같이 방사선을 차단할 수 있는 재료를 사용하는 것입니다. 예를 들어 베타선을 내는 방사선원은 알루미늄, 유리, 플라스틱 등으로 쉽게 차폐가 됩니다. 보통 베타선 방출체를 취급하는 작업에는 두께 1~1.5cm의 투명한 플라스틱판, 또는 유리판을 사용해 충분히 방사선을 막을 수 있습니다. 에너지가 큰 엑스선이나 감마선은 콘크리트나 납처럼 밀도가 큰 물질이 사용됩니다. 그래서 엑스선 촬영을 하는 사람들은 납 조끼나 안경 등을 쓰고 작업을 합니다. 납 1~1.5cm 정도면 웬만한 방사성 핵종에서 방사선을 반 이상 줄일 수 있습니다. 여러 겹을 사용하면 기하급수적으로 강도를 감소시킬 수 있답니다. 중성자선 차폐에는 우선 중성자의 속도를 줄이는 것이 중요합니다. 가벼운 원자핵과 충돌할 때 에너지 손실이 크므로 수소 원자를 많이 함유하는 물, 파라핀 등이 중성자선의 차폐물로 유용합니다.

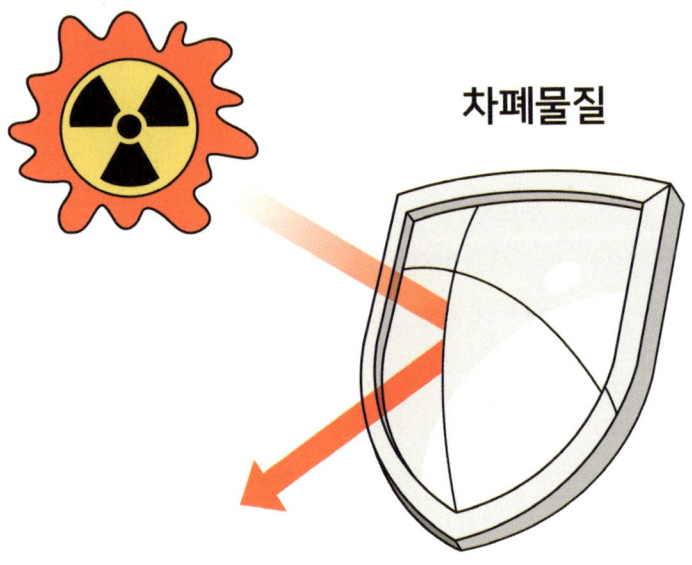

그림 73. 방패. 불필요한 방사선을 막기 위해서는
방사선물질의 특성에 맞추어 방패 역할을 하는 차폐물질로 막습니다.

거리, 무서운 것은 거리를 멀리하라

안 좋은 것들은 멀리하는 것이 상책입니다. 당연히 내 몸에 필요 없는 방사선은 멀리합니다. 거리상 멀리한다는 뜻입니다! 불에서 멀리 떨어질수록 뜨거움이 적어지듯 방사선도 선원에서 멀리 떨어질수록 받는 방사선의 양은 급격히 줄어듭니다.

일반적으로 선량률은 선원까지 거리의 제곱에 반비례합니다. 즉, 선원에서 두 배로 멀리 떨어져 있으면 선량률은 4분의 1로, 3배로 멀리 떨어지면 9분의 1로 감소하는 것이죠. 이를 역제곱의 법칙이라고 부릅니다. 주의할 점은 반대로 거리가 0.1배가 되면 100배나 많은 방사선을 받게 됩니다. 따라서 방사선원을 직접 만지면 매우 위험합니다.

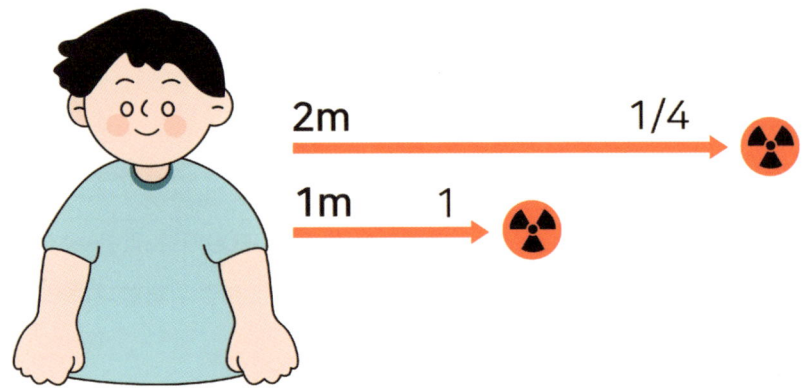

그림 74. 거리에 따른 방사선의 세기. 방사선의 세기는 거리의 제곱에 반비례하여 감소합니다. 예를 들어 1m에 떨어진 방사선의 세기가 1이라면, 2m 떨어진 곳에 있는 방사선은 1/4로 감소합니다.

시간, 피할 수 없다면 줄여라!

피곤한 사람과는 만나는 것을 적게 만나거나 안 만나는 것이 좋습니다. 방사선이 나오는 곳을 피할 수 없다면! 어쩔 수 없다면 가능한 한 짧은 시간 머무르는 것입니다. 방사선량률이 일정한 장소에 있는 사람이 받는 방사선량은 머무른 시간에 비례하기 때문입니다. 즉, '선량=선량률×시간'이므로 시간을 단축하면 선량 역시 줄어드는 것이죠. 그러므로 작업자의 노력이나 모의 훈련 등을 통해 역량을 숙달시키고, 사용 장비나 작업 절차를 성실히 준비함으로써 작업 시간을 단축시키는 것이 바람직합니다.

그림 75. 시간. 방사선 피폭을 줄이기 위해서는 피폭 시간을 줄여야 합니다.

내부 피폭은 어떻게 하나요?

격리, 위험한 것은 떼어 놓아요

외부 방사선의 방어원칙과 같이 체내 흡수된 방사성물질로 발생한 내부 피폭에도 3가지 방어원칙이 있습니다. 첫째는 격리입니다. 가장 기본적으로 방사성물질을 가능한 한 작업 환경에서 격리시키면 체내 흡수를 막을 수 있는 것이죠. 그 방법으로는 작업 장소의 제한이나 후드, 글러브 박스, 핫셀(hot cell) 같은 시설이 사용되고 있습니다.

그림 76. 내부 피폭을 줄이는 방법. 격리는 체내로 흡수되는 양을 줄이기 위해, 공기 중에 방사성물질이 떠다니지 않도록 후드 내에서 사용하고, 글러브 박스를 이용하여 호흡기나 입으로 먹지 않는 다양한 방법을 동원하는 것을 말합니다.

희석, 농도를 줄여요

아픔이 있을 때 누군가의 공감이 위로가 되는 것처럼 원래의 농도를 희석시키면 위험을 낮출 수 있습니다. 방사성물질의 방사능 자체를 줄이거나 물질의 농도를 희석시키면 그만큼 취급하는 방사성물질과 체내 섭취도 줄어들게 됩니다. 공기 정화나 필터링, 배기와 배수 등으로 작업 환경에서 방사성물질의 농도를 희석시킬 수 있습니다.

차단, 경로를 막아요

방사성물질이 체내에 침입하는 경로를 차단해 피폭을 예방하는 것입니다. 이를 위해 방독면, 방호복 등을 갖추거나 오염 검사 등을 주기적으로 시행해 오염 및 피폭을 방지하게 됩니다. 내부 피폭의 방호는 작업 환경과 밀접한 관계가 있으므로 방사선 오염 관리를 철저히 해야 합니다. 따라서 작업자 개인의 오염 관리 습관화와 공기 흐름 및 이동 습관 등을 신중히 고려하는 자세가 중요합니다.

상상 예제를 풀어 볼까요?

예제를 하나 만들어 보겠습니다. 자, 방사능비가 내립니다. 이것은 외부 피폭일까요? 내부 피폭일까요? 일단 밖에서 오니 외부 피폭입니다. 만약 먹거나 들이마신다면 내부 피폭도 포함이 될 수 있습니다. 어떻게 피하나요?

외부 피폭은 차폐, 거리, 시간이라고 했습니다. 비를 피해 봅니다. 아 피할 수 없나? 그렇다면 최대한 머무는 시간을 줄입니다. 비를 피하는 법 중에 가장 우수한 답변은 비 사이를 아주 빠르게 달려 한 방울도 맞지 않는다는 답변도 있습니다. 빛과 같은 존재가 아니라면 참 어렵겠습니다.

일단 비는 맞았습니다. 그다음에는 어떻게 해야 하나요? 방사선이 묻은 머리카락이나 옷, 신발 등에 묻은 방사선은 물로 깨끗하게 씻어 낼 수 있도록 빨리 샤워를 해야 합니다. 방사선 시설에 가면 항상 별도의 '샤워실'이 있습니다. 이 또한, 방사선 사고에 대비하기 위해 사용하도록 만든 시설입니다.

그림 77. 방사능비가 내린다면 어떻게 해야 할까요? 먼저 맞지 않도록 피합니다!

라돈가스나 체내 피폭은 어떻게 막나요?

 실내 공기 중 라돈가스에서 발생한 자연방사선량이 높은 편입니다. 이 역시 주기적으로 환기하고 건물 바닥이나 갈라진 벽의 틈을 막으면 라돈 피폭을 줄일 수 있습니다. 그리고 체내의 방사성물질은 물질대사를 통해 몸 밖으로 배출됩니다. 만약 방사성물질을 먹었다면 물을 많이 마셔 가능한 한 빨리 소변 등으로 빠져나오게 하는 것도 한 가지 방법입니다.

그림 78. 방사선 배출을 늘리는 법.
물을 많이 마셔 방사성물질이 소변으로 빠르게 배출되도록 합니다.

그 외 사소하지만 피하는
여러 가지 방법이 있습니다

 이렇게 방사선은 피할 수 있는 방법이 있습니다. 그리고 방사선의 종류 및 양에 따라 그 방법이 다를 수 있으므로 어떤 방사선이 나오는지, 어떤 대처가 필요한지, 상황에 따라 전문가들의 의견을 따르는 것이 좋습니다.

여전히 우리 주변의 방사선이 걱정스럽다고요?

그래요. 저는 뜨거운 태양 빛의 자외선을 두려워하고, 원산지가 불분명한 식재료들이 오염되었을까 봐 걱정스럽기도 하고, 태양광이 세지거나 오존층이 뚫려서 우주방사선이 늘어 갈까 봐 걱정이 되기도 합니다. 하지만, 오히려 원자력발전소, 병원의 방사선 의료기기, 방사성 의약품 구역인 방사선 안전 관리 구역을 별로 걱정이 되지 않습니다. 왜냐하면 관리를 하는 전문가들이 있고 누군가 항상 감사를 하고 있는 덕분입니다. 방사선 안전에서 많은 사람이 걱정하는 것 중 하나는 어쩌면 생활 주변일 듯합니다. 저도 마찬가지이니까요.

하지만, 우리가 흔히 사용하는 소비재 중 방사성물질이 함유된 것은 어떻게 관리되고 있는 걸까요? 일반적으로 우리가 사용하는 제품에도 방사선을 내는 물질이 들어있을 수 있는데, 그중 일부는 자연방사성물질이 재료로 사용되기도 하며 고유의 기능을 위해 방사성물질을 이용한 것도 있습니다.

우리 집에 방사성물질이 많다고요?

　온열매트 등에도 방사성물질이 함유돼 있습니다. 또한 국제 노선 항공기에 탑승하는 승무원들은 우주방사선에 노출되기도 하며 일부 수입 주방 용품에서 방사선이 측정되기도 했습니다. 그래서 우리나라는 생활 주변에 있는 방사선으로부터 국민을 안전하게 보호하기 위해 2012년 7월부터 「생활주변방사선안전관리법」을 시행하고 있습니다. 「생활주변방사선안전관리법」은 방사성물질이 함유된 소비재가 유입돼 국민이 방사선에 노출되는 것을 막기 위한 법으로 천연방사성원료 물질의 등록제를 도입하고 고철취급업체와 공항, 항만에 방사선 감시기를 설치해 운영하고 있습니다. 또한 우주방사선에 항공 승무원이 과도하게 노출되지 않도록 관리하거나, 방사성물질 함유 제품 취급 사업자가 종업원의 방사선 피폭을 최소화하도록 단계별 조치 기준을 설정하는 등의 기능을 하고 있습니다.

그림 79. 비행기. 항공기에 탑승하는 승무원들은 우주방사선에 쉽게 노출됩니다.
이전에는 자연방사선 노출에 대해서는 큰 고려를 하지 않았다가
2012년 이후부터 여러 감시 시스템을 도입하고 있습니다.

두려움을 넘어 안전한 세상으로

　방사선은 인식하지도 못하는 사이에 하늘에서도, 땅에서도, 사람에게서도 나와 우리에게로 옵니다. 방사선을 피할 수 없는 것처럼 방사선 두려움 역시 피할 수는 없을 것입니다. 하지만 이 두려움의 본질을 자세히 생각해 보고 올바른 방사선 지식을 습득할 수 있다면 두려움은 발목을 잡는 공포심이 아닌 나를 지키는 안전장치가 될 것입니다. 더는 방사선이 유령 같은 존재가 아닌 보이는 존재가 될 것입니다. 방사선은 모르는 만큼 두렵고 아는 만큼 유용한 것 같습니다. 다음 책에서는 이 세상 모든 곳에 있는 방사선에 대해 좀 더 알아보도록 하겠습니다.

매일 방사선의 도움을 받고 사는 세상
장점을 보아요

불은 화재를 일으키지만, 음식을 끓여 먹을 수 있고, 다양한 재료를 만들 수 있습니다. 불이 없다는 것은 암흑의 시기로 돌아가는 것과 같습니다. 물은 홍수나 쓰나미를 일으키고 익사 등 인재를 발생시키지만, 물이 없다면 생명체를 유지할 수 없습니다. 물은 매우 소중한 존재입니다.

마찬가지로 방사선은 이전 안전사고가 있었지만, 우리는 매일 방사선의 도움을 받습니다. 다양한 제품의 살균, 더 우수한 제품을 만드는 공정기법, 항공, 항만, 우주, 군부대의 주요 장치를 안전하게 검사할 수 있습니다. 그리고 우리 몸이 아플 때 보이지 않는 곳까지 원인을 찾아주고 치료까지 합니다. 우리 일상은 방사선의 도움 속에서 살고 있습니다. 심지어 아파트 내에 있는 화재 감지기조차 방사선의 원리로 안전을 지킵니다.

그림 80. 선물. 물, 불, 흙, 바람이 자연이 준 선물이듯이 방사선 또한 자연의 선물이며 인간이 누릴 수 있는 미래가치입니다.

끝맺음

현상은 하나이지만,
해석은 참 복합적입니다.

객관화된 생각은
우리를 진리에 가까운 곳으로
안내할 것입니다.

미국의 지구화학자이자 환경운동가인 클레어 C. 패터슨은 납 동위원소 분석법을 이용하여 지구의 나이를 밝혔습니다. 45억 6700만 년이라는 지구 나이 첫 추측이 이루어졌습니다. 인간의 삶은 10000년의 100분의 1 정도인 100년을 삽니다. 우주의 자연사 시간이나 행성의 역사 등을 본다면 참으로 아득하여 그 시간의 길이를 감히 상상하기도 어렵습니다. 겨우 백 년을 살아가는 인간으로서 이 세상 모든 진리는 가히 엄두가 나지 않습니다.

아무리 고도의 인지기능을 가진 사람일지라도 이 세상 모든 진리를 깨달을 수는 없습니다.

그렇다고, 포기해야 할까요?
그렇지 않습니다.
살아 있는 매 순간 진리에 접근해 봅니다.

의학을 공부했습니다. 그리고, 현재까지도 만나고 있는 방사선 분야는 공부하면 할수록 진정 '자연'이었습니다. 병원에서 방사선이란 환자의 암을 진단하거나 치료하는 도구였는데, 병원 밖의 방사선은 온통 일상입니다. 의료, 산업, 환경, 에너지 등 방대한 분야에서 방사선이 함께 있었습니다. 이 책의 제목은 『처음 만나는 방사선』이며, 다음 책은 『이 세상 모든 곳의 방사선』, 『우리 몸과 방사선』 그리고 『신의 힘에 도전한 원자력』 이야기입니다.

방사선을 배우는 것은 자연사를 배우는 것입니다. 아주 오래전부터 있던 물질의 에너지 변환을 보는 것은 마치 신의 눈을 갖는 느낌이었습니다. 많은 사람은 각자의 분야에서 전문적인 공부를 합니다. 그 전문 분야의 깊은 바닥 어디쯤에는 '아!' 하는 통섭 같은 진리가 나옵니다.

"방사선은 언제나 우리 곁에 있었습니다. 다만, 우리가 인식하지 못했을 뿐입니다."

근래 몇십 년간 방사선 대형 사고가 있었고, 사람들은 지나친 공포심으로 방사선의 본질을 외면했습니다. 방사선은 물, 불, 흙, 바람과 다르지 않은 자연의 일부였습니다. 이제 방사선에 대한 불필요한 공포를 줄이고 '방사선이란 무엇인가?' 하는 의문을 가져야 할 때입니다.

방사선은 알아 두면 유용한 지식이며 우리의 삶을 더욱 윤택하게 할 것입니다. 더불어, 안전한 방사선 응용 분야를 확립하여 적재적소에 잘 활용한다면 미래의 우리 삶은 더욱 발전할 것입니다. 사람들이 열광하는 첨단 우주 과학 기술은 방사선 제어기술의 근간에서 시작하였습니다. 지금, 우리는 21세기의 뜨거운 키워드인 '방사선 시대'에 진입하였습니다.

열렬히 환영합니다!